都市計画法の探検

久末弥生 Yayoi HISASUE

Exploration du Droit de l'Urbanisme

法律文化社

はしがき

　都市は，そこに生きる人間を正確に映し出す。古代から現代まで，人々を飲み込みながら，都市は成長し続けてきた。数世紀にわたる都市の成長は，必然的に，都市計画を求めるようになった。ヨーロッパ各地で見られたこうした傾向は，1789年の革命後のフランスで顕著となり，19世紀に首都パリを，世界に先駆ける近代計画都市へと変貌させた。都市の近代化はまた，都市の持続可能性が人間にとって不可欠であることを，人々に認識させていく。

　日本の都市計画の源流もまた，フランスにたどることができる。1919年に最初の都市計画法が制定され，ゾーニングを重視するなど，両国の都市計画法制には共通点が少なくない。フランスはまた，都市計画法制の先端を行く国でもある。近年，都市計画法の大規模な改正を行うと共に，都市計画訴訟制度の充実化を進めるフランスの動向は，日本の都市計画法制にも示唆を与えるだろう。

　本書は，筆者がフランスで行った在外研究の成果を中心に，都市計画法の多様な側面をまとめたものである。第Ⅰ部については留学時の論文指導，第Ⅱ部についてはフランスで実際に受講した大学院授業の内容を，それぞれ整理して考察を新たに加えた。第Ⅲ部では，筆者が国内で行う共同研究，委託研究の内容を紹介している。

　フランス国立リモージュ大学大学院法学研究科修士課程（環境・国土整備・都市計画法専攻）在学中，2011年度・2012年度・2014年度大阪市立大学在外研究員としてのフランス滞在時のいずれにおいても，ミ

シェル・プリユール先生（リモージュ大学名誉教授），ジェシカ・マコウィアック先生（リモージュ大学教授）の両氏には大変お世話になった。

本書の執筆にあたって特に，フランス行政法研究会，関西民事訴訟法研究会，国際公共経済学会の諸先生から貴重なご教示を賜った。また，早稲田大学比較法研究所招聘研究員，大阪市立大学都市研究プラザ運営委員として，都市に関する比較法研究を継続する機会に恵まれた。

本書の出版について，法律文化社の掛川直之氏に多大なご尽力をいただいた。

皆様に深く感謝申し上げたい。

2016年　春

久末 弥生

Remerciements

Je remercie vous beaucoup, Professeur Michel PRIEUR et Professeur Jessica MAKOWIAK.

printemps 2016

Yayoi HISASUE

目　次

はしがき

初出一覧

凡　例

第Ⅰ部　現代の都市計画法

第1章　日本の都市計画法の特徴と課題 3

第2章　都市計画法の最前線 8

1　フランス都市計画法の動向──2013年以降を中心に　8

2　都市計画と自然リスク　30

3　フランスの都市計画訴訟と裁判権──都市計画法典L.480-13
条を素材に　32

第Ⅱ部　都市計画法の源流

第3章　都市計画の黎明期（18世紀〜19世紀） 55

1　「持続可能な都市」の起源──18世紀　55

2　都市計画の誕生──19世紀　56

資料：『19世紀のリモージュ焼：職人仕事と工場との間で』抜
粋翻訳　60

第4章　ユートピアと都市計画（19世紀〜20世紀前半）⸺72

1　ユートピア論の展開　72

2　ゾーニング，都市公園　73

3　パリ大改造　75

4　田園都市（ガーデンシティ）　76

資料：ベル・エポックと近代都市計画⸺日本への潮流　78

第5章　モダンと都市計画（20世紀）⸺89

1　都市計画の実現　89

2　建築家と都市計画　91

3　環境と都市計画　92

4　景観と都市計画　94

第6章　持続可能性と都市計画（20世紀後半〜21世紀）⸺96

1　エコロジーと都市計画の変容　96

2　現代における持続可能な都市　98

3　21世紀の緑地と持続可能性　100

資料：ダニエル・マローの庭園　103

第Ⅲ部　都市計画の展望

第7章　PFIとの連携⸺109

1　PFI事業と都市計画⸺空港コンセッション，都市公園コンセッション　109

2　都市計画とPFI図書館⸺桑名市立中央図書館を例に　112

資料：フランス海外領土における遺伝資源に関連する伝統的知識の保護管理制度　122

資料：現代都市と動物園⸺アメリカにおける動物園の推進制度　135

初出一覧

第Ⅰ部　現代の都市計画法
　第1章　書き下ろし
　第2章　1，2　書き下ろし
　　　　　3　「フランスの都市計画訴訟と裁判権——都市計画法典 L.480-13
　　　　　　条を素材に」『比較法学』第50巻1号（早稲田大学比較法研究所，
　　　　　　2016年）
第Ⅱ部　都市計画法の源流
　第3章　1，2　書き下ろし
　　　　　資料　「『19世紀のリモージュ焼——職人仕事と工場との間で』抜
　　　　　　粋翻訳」『創造都市研究』通巻16号（大阪市立大学創造都市研究
　　　　　　会，2015年）
　第4章　1～4　書き下ろし
　　　　　資料　「ベル・エポックと近代都市計画——日本への潮流」『創造都
　　　　　　市研究』第9巻1号（大阪市立大学創造都市研究会，2013年）
　第5章　1～4　書き下ろし
　第6章　1～3　書き下ろし
　　　　　資料　「ダニエル・マローの庭園——ヴェルサイユからハウステン
　　　　　　ボスへ」『地域活性化ニューズレター』第6号（大阪市立大学大
　　　　　　学院創造都市研究科，2014年）
第Ⅲ部　都市計画の展望
　第7章　1　「関空・伊丹の空港運営権取得見込企業（仏 VINCI）について」
　　　　　　鳥取大学・大阪市立大学共催アントレプレナーシップ研究会報
　　　　　　告（2015年8月29日）
　　　　　2　桑名市立中央図書館ヒアリング調査（2015年2月26日）
　　　　　資料　「フランスにおける遺伝資源に関連する伝統的知識の保護管

v

理制度」『季刊経済研究』第36巻3・4号（大阪市立大学経済研究会，2014年）

資料 「アメリカ合衆国における動物園の推進制度」環境省請負調査『平成27年度 諸外国における環境法制に共通的に存在する基本問題の収集分析業務報告書——Part-2自然保護関係／予防原則関係』（商事法務研究会，2016年）

凡　　例

　本書の表記について，アルファベット表記はフランス語を基本とし，英語の場合は（英）を付している。

　また，人名について，生没年が判明する場合は補っている。

第Ⅰ部　現代の都市計画法

第 1 章

日本の都市計画法の特徴と課題

　日本の都市計画法（1968年制定）は，国土レベルの各法とローカルレベルの各法との間に位置し，両者をつなぐ。つまり都市計画法は，上位の法を受けて，各種の都市計画について統一的に規定する法律である。各種の都市計画は，都市計画法および都市計画法を受けて定められた法律群に従うことになる。[1]上位の国土レベルでは国土利用計画法（1974年制定），土地基本法（1989年制定），国土形成計画法（2005年制定）という中核の3法に加えて，首都圏整備法（1956年制定），近畿圏整備法（1963年制定），中部圏開発整備法（1966年制定）などを含む各法，下位のローカルレベルでは建築基準法（1950年制定），景観法（2004年制定），都市公園法（1956年制定）などを含む数多くの各法から構成される日本の都市計画法制において，都市計画法自体がカバーする法領域は，他国に比して必ずしも広くはない。このことが，日本の都市計画法の1つの特徴となっている。

　都市計画法が派生するのは，国土利用計画法である。国土利用計画法9条1項は，「都道府県は，当該都道府県の区域について，土地利用基本計画を定めるものとする」としたうえで，同条2項は「土地利用基本計画は，政令で定めるところにより，次の地域を定めるものとする。一　都市地域　二　農業地域　三　森林地域　四　自然公園地域　五　自然保全地域」とする。このように，土地利用基本計画が定める5つの地域のうち「都市地域」を扱うのが，都市計画法である。同条4項によると，「第二項第一号の都市地域は，一体の都市として

3

総合的に開発し，整備し，及び保全する必要がある地域とする」とされている。他方，農業地域については農業振興地域の整備に関する法律（1969年制定。以下「農振法」という），森林地域については森林法（1951年制定），自然公園地域については自然公園法（1957年制定），自然保全地域については自然環境保全法（1972年制定）が，個別法としてそれぞれ定められている。もっとも，5地域の区分についてはむしろ，都市計画法を含む先の5つの個別法に定められていた地域を重ね合わせて土地利用基本計画としたのが実態とされる[2]。

都市計画法が計画的規制を行うのは，都市計画区域（都市計画法5条）あるいは準都市計画区域（同法5条の2）に指定された区域に限られる。こうした規制の限定性は，日本の都市計画法のもう1つの特徴であり，土地利用基本計画が定める他の4つの個別法についても同様の限定性を確認できる[3]。

日本における都市計画法の発現は，1888年（明治21年）制定の東京市区改正条例に見られ，1919年（大正8年）には日本で最初の都市計画法（旧都市計画法）が制定された[4]。その後，関東大震災からの復興を目ざした1923年（大正12年）制定の特別都市計画法，第二次世界大戦による戦災からの復興を目ざした1946年制定の特別都市計画法を経て，高度経済成長期の1968年に制定されたのが現行の都市計画法である。旧法と2つの特別都市計画法がいずれも土地区画整理事業を中心とする内容であったのに対し，現行法は土地利用規制に主眼を置く都市計画法制を確立した点に意義がある[5]。もっとも，土地利用規制法制としての都市計画法制には，特に土地所有権との関連で，日本ならではの構造的な課題が指摘されている[6]。

現行の都市計画法の土地利用規制に関する大きな課題の1つが，土地利用計画段階における行政救済手段の欠如である[7]。都市計画の決定は処分でない（＝処分性が認められない）ため，行政不服審査法に基づ

4　第Ⅰ部　現代の都市計画法

く不服申立を行うことができないし，取消訴訟も利用できない。例えば都市計画の実施段階が争われた住民訴訟において，日比谷公園訴訟に関する東京地裁昭和53年10月26日判決（行集29巻10号1884頁）は，東京都知事による都市計画法上の特定街区を定める都市計画決定および建築基準法52条３項，56条３項に基づく超高層建物の建築許可処分は，非財務的な行為であって，地方自治法242条の２に規定する住民訴訟の対象にならないとして，原告都民らの訴えを却下した。[8] なお，土浦駅東学園線訴訟に関する東京高裁平成２年２月13日判決（東京高裁（民事）判決時報41巻１〜４号７頁）は，都市計画の決定に違法があることを理由として，同計画に基づく道路用地の取得のためにされた公金の支出の違法を原告住民らが主張することを認めた。都市計画の実施段階における公金支出に都市計画の違法性の承継を認めた稀有な例だが，都市計画自体の違法とは限らないことを考慮すると，先例性は低いだろう。[9] これに対して，都市計画の事業認可が処分である（＝処分性が認められる）ことについては争いがないため，小田急高架化訴訟に関する最高裁大法廷平成17年12月７日判決（民集59巻10号2645頁）など，処分性の存在を前提とする判例は十分に蓄積されている（もっとも，原告適格が問題となった事例が多い）。[10]

　土地利用計画段階における行政救済手段の欠如の問題は，都市計画訴訟の制度設計をめぐる議論に取り込まれることになる。そこでは，取消訴訟による対応と確認訴訟による対応という，大きく２つの訴訟手法が検討されている。[11] このうち後者が，近時は注目されている。これは行政事件訴訟法（以下「行訴法」という）４条規定の公法上の当事者訴訟を利用する手法で，具体的には，土地利用規制を定めた都市計画の違法・無効を理由に，土地所有者が土地利用規制を受けない地位を有することの確認を求める訴訟として構成されている。[12] もっとも，確認訴訟を活用する場合でも，訴訟法的な観点からは，確認の利益は慎

重に認められるべきだろう。既判力しか有しない，つまり執行力を有しない確認判決を求めることができるのは，確認判決によって訴訟目的を有効適切に実現できる場合に限られるのであって，無益な確認の訴えは排除される必要があるという民事訴訟上の思考[13]は，行政訴訟においても一定の意義をもつ。公法上の当事者訴訟に関する「重大な損害」要件については，行政法上の他の訴訟類型との関係に加えて，訴訟法的な観点も踏まえて議論されることが望まれる。こうした意味では，「原告は，用途地域が指定されたことにより被る不利益について，確認の利益を具体的に主張することが要求され，このことが当該訴訟の勝敗を決するポイントとなる[14]」のであり，都市計画訴訟としての確認訴訟の行方は，最終的には確認の利益についての主張立証次第ということになるだろう。他方では，取消訴訟による対応手法も残されており[15]，土地利用規制自体の制度再設計と併せて，展開が期待されるところである。

〔註〕
1）　都市計画法制研究会編著『よくわかる都市計画法〔改訂版〕』（ぎょうせい，2012年）3頁。
2）　安本典夫『都市法概説〔第2版〕』（法律文化社，2013年）19頁。
3）　農振法について農業振興地域の中の農用地区域，森林法について保安林・保安施設地区，自然公園法について国立・国定公園，都道府県立自然公園の中の特別地域等，自然環境保全法について原生自然環境保全地域，自然環境保全地域，都道府県自然環境保全地域など。安本・前掲注2）。
4）　同年（1919年）には，フランス最初の都市計画法も制定されている。第Ⅱ部第5章1参照。
5）　安本・前掲注2）28～29頁。
6）　吉田克己「土地所有権の日本的性質」原田純孝編『日本の都市法Ⅰ　構造と展開』（東京大学出版会，2001年）365頁，内海麻利「土地利用規制の基本構造と検討課題——公共性・全体性・時間性の視点から」『論究ジュリスト』2015年秋号7頁。
7）　大橋洋一「土地利用規制と救済」『論究ジュリスト』2015年秋号21頁。
8）　控訴審（東京高裁昭和54年10月25日判決，判時945号30頁）においても，一審

6　第Ⅰ部　現代の都市計画法

どおりとして棄却された（確定）。

9）　寺田友子教授による2015年11月24日の講演「都市計画と住民訴訟」（大阪市立大学大学院創造都市研究科主催／大阪市立大学女性研究者支援室共催）より。

10）　碓井光明『都市行政法精義 I』（信山社，2013年）265～266頁，268頁。

11）　大橋洋一「都市計画の法的性格」『自治研究』86巻 8 号（2010年）3 頁。

12）　大橋・前掲注 7) 21頁。

13）　松本博之＝上野泰男『民事訴訟法〔第 8 版〕』（弘文堂，2015年）159頁。

14）　大橋・前掲注 7) 21頁。

15）　青写真判決の判例変更とされる最高裁大法廷平成20年 9 月10日判決（民集62巻 8 号2029頁）が，この手法を牽引する。

第 2 章

都市計画法の最前線

1　フランス都市計画法の動向——2013年以降を中心に

　2000年に入ってフランスでは，都市計画法について 2 つの大きな改革があった。「都市の連帯と刷新に関する2000年12月13日法 (Loi du 13 décembre 2000 relative à la solidarité et au renouvellement urbains. 以下「SRU法」という)」による都市計画法典 (Code de l'urbanisme) の大規模な改正と，2007年に始まった環境グルネル (Grenelle de l'environnement) の成果物である「環境グルネルの実施に関する2009年 8 月 3 日プログラム法 (Loi du 3 août 2009 de programmation relative à la mise en œuvre du Grenelle de l'environnement. 以下「グルネル I 法」という)」および「環境のための国家投資に向けての2010年 7 月12日法 (Loi du 12 juillet 2010 portant engagement national pour l'environnement. 以下「グルネル II 法」という)」による都市計画法典の改正である。

　SRU法の最大の柱は，都市ネットワークを構築するための「連帯 (solidarité)」にある。同法は，従来の「土地占用プラン (plan d'occupation des sols: POS)」を「都市計画ローカルプラン (plan local d'urbanisme: PLU)」に，「指導スキーム (schéma directeur: SD)」を「広域一貫スキーム (schéma de cohérence territoriale: SCOT)」にそれぞれ改めつつ，従来からの二層構造の都市計画システムを維持する[1]。すなわち，POSおよびPLUが各コミューン (commune. 市町村) レベルの都市計画であるのに対して，SDおよびSCOTはコミューン間協同レベルの都市計画であり，SRU法の主眼は後者のレベルにあると考えられている。また，

8

SCOTはSDに比して手続や指導者の明白性を意識しており，PLUは POSよりも環境保護と経済発展とのバランスに配慮した中間的な社会における都市計画を想定している。

　なお，環境グルネルをめぐる最近の状況についても，環境グルネル当初からのメンバーだったプリユール（Michel Prieur, 1940-）リモージュ大学名誉教授による来日時の2014年4月3日の講演「環境グルネルから，グルネルⅡ法と憲法章典7条の適用まで——2007〜2014年（Du Grenelle de l'environnement à la loi Grenelle Ⅱ et à la mise en œuvre de l'art 7 de la Charte constitutionnelle (2007-2014)）」の内容と併せて後述したい[2]。

　本章では，2013年以降に先の2つの改革を支えるかたちで行われた都市計画法典の改正に特に着目し，関連条文と共に紹介する。都市計画法をめぐる2013年以降の大きな動きとしては，次の3つが挙げられる。

①建設プロジェクトの促進
- 「都市計画訴訟に関する2013年7月18日のオルドナンス（Ordonnance du 18 juillet 2013 relative au contentieux de l'urbanisme）」と「都市計画訴訟に関する2013年10月1日のデクレ（Décret du 1 octobre 2013 relatif au contentieux de l'urbanisme）」の制定
- 「住宅のための統合手続に関する2013年10月3日のオルドナンス（Ordonnance du 3 octobre 2013 relative à la procédure intégrée pour le logement: PIL）」の制定
- 「住宅建設の発展に関する2013年10月3日のオルドナンス（Ordonnance du 3 octobre 2013 relative au développement de la construction de logement）」の制定

②「住宅へのアクセスと刷新された都市計画のための2014年3月24日法（Loi du 24 mars 2014 pour l'accès au logement et un urbanisme rénové.

以下「ALUR法」という）」における都市計画関連規定の制定

③都市計画法の簡略化と関連法の調整

- 「都市計画を明確化・簡略化する2012年1月5日のオルドナンス を実施するための2013年2月14日のデクレ (Décret du 14 février 2013 pris pour l'application de l'ordonnance du 5 janvier 2012 portant clarification et simplification en matière d'urbanisme)」の制定

- 「都市計画文書および公益に関する地役へのアクセス環境の改善に 関する2013年12月19日のオルドナンス (Ordonnance du 19 décembre 2013 relative à l'amélioration des conditions d'accès aux documents d'urbanisme et aux servitudes d'utilité publique: SUP)」の制定

以下，改正内容に沿って詳説する。

なお，法令は2015年6月現在のものであり，さらに改正が予定され ている。

■ PLUの新たな権限規定，内容，目的

　土地占用プラン（以下「POS」という）は，ALUR法135条によって修 正された都市計画法典（以下「C.urb」という）L.123-19条によって廃止 された。POSに代わる都市計画ローカルプラン（以下「PLU」という）に ついて，ALUR法136条は次のように規定する。

ALUR法136条

「Ⅱ．本法の公布日に存在するコミューンまたは都市圏共同体，本法の 公布日後の合併で設置されるか生まれたそれらは，本法の公布から3 年の期間満了の翌日に，PLU，それに代わる都市計画文書，コミュー ン地図について権限がなくなる。もし前述の3年の期間満了前の3か 月内に，人口の少なくとも20％を占めるいくつかのコミューンの少な くとも25％がこのことに反対すれば，この権限の移転は行われない。 ……」

このようにALUR法136条の特徴は，PLUの新たな権限規定として，自動的なコミューンの接合（entercommune）を打ち出したことにある。

PLUの内容と目的についてはまず，ALUR法139条(V)によって修正されたC.urb L.123-1-2条が次のように規定する。

C.urb L.123-1-2条

「説明報告書は，整備・持続可能な開発プロジェクト（PADD），整備・プログラミング方針，規則書を定める際に考慮される選択肢を説明する。

　それは，経済・人口予測と，持続可能な開発，農業面積，森林開発，空間整備，特に生物多様性に関する環境，居住環境の社会的バランス，交通機関，商業，整備開発，公共機関に関してリストを作成する必要性という観点からなされた分析に基づく。

　それは，都市や建築の形態を考慮しながら，建物の建っている空間全体の高密度化と変容の能力を分析する。それは，自然空間，農業空間，森林空間の高密度化と消費制限を促す規定を提示する。

　それは，公園での，エンジン自動車，ハイブリッド自動車，電機自動車，自転車の駐車収容力と，この収容力の分散化の可能性についてのリストを定める。

　それは，計画承認前の，または都市計画文書の最後の修正から，10年間について，自然空間，農業空間，森林空間の消費に関する分析を提示する。

　それは満期時に，広域一貫スキーム（SCOT）によっておよび経済・人口動態分析の観点から，決められた空間の消費目的について，PADDに含まれている目的を正当化する。」

　C.urb L.123-1-2条では，「高密度化（densification）」がキーワードに

なっている。同条は自然の中心として，エコロジーコリドー（corridor écologique, 生態環境の回廊地帯）を設けることを想定する。つまり，離れて位置する保護された空間同士をエコロジーコリドーでつなぐことにより，自然空間，農業空間，森林空間が高密度化されるのである。また3段落目は，環境に優しい乗物への移行を志向している。これらを支えるのが，生態環境，自然の生物，自然空間に関するコミューン独自の制度スキームとなる説明報告書だが，非常時にはSCOTが介入する。

また，ALUR法139条(V)によって修正されたC.urb L.123-1-3条が，

C.urb L.123-1-3条

「……PADDは，空間消費や都市拡張との闘いの緩和に向けての数値目標を定める」とする。

ALUR法157条(V)によって修正されたC.urb L.123-1-5条は次のように規定し，ゾーニングについて整理し直した。

C.urb L.123-1-5条

「Ⅱ. 6° 例外として，自然区域，農業区域，森林区域における規模と受容能力についての制限地区範囲を定める。それらの地区では，次のものが許可される：

a) 建物；

b) 「旅行者の受け入れと居住環境に関する2000年7月5日法」にいう，旅行者の居住（＝宿泊）のために用意された受け入れ場所と賃借人負担の家族的な土地；

c) 利用者の固定の住居となる，組立て式で分解可能な居所。

規則書は，環境への同化と，自然区域，農業区域，森林区域の特性の維持との整合性確保を可能にする，建物の高度，配置計画，密

12 第Ⅰ部 現代の都市計画法

度に関する要件を明確にする。それは，公的ネットワークへの接続に関する要件，さらに，建物，組立て式で分解可能な居所，可動性の居所が満たさなければならない衛生と安全に関する要件も明確にする。

　これらの地区は，農業空間の消費に関する県委員会 (CDC) からの意見後に範囲を定められる。付託から 3 か月の期間内に意見が出されない場合，賛成したとみなされる。

　これらの地区 (＝規模と受容能力についての制限地区) 外に位置するが，自然区域，農業区域，森林区域内にある現行建物は，完全な用途変更の場合を除いて，適応か改修の対象になるだけである。

　農業区域では，規則書は，用途変更あるいは制限付きの拡大が農業開発を危うくしない以上は，建築的・遺産的価値という理由で，用途変更あるいは制限付きの拡大の対象となる建築物を指定できる。用途変更と工事許可は，農業・海洋漁業法典 L.112-1-1 条に定められた CDC の一致意見に付される。

　自然区域では，規則書は，用途変更が農業開発や自然景観の質を脅かさない以上は，建築的・遺産的価値という理由で，用途変更の対象となる建築物を指定できる。この場合，工事許可は，自然・風景・景観に関する県委員会の一致意見に付される。

　本条 6°の第 7 節は，農業開発あるいは森林開発に必要な建物や施設には適用されないし，共同設備や公役務に必要な建物や施設にも適用されない。

Ⅲ. 規則書は，建築，都市，エコロジー上の特性に関して，次のことができる：

1° 　建築と自然景観の質，エネルギーパフォーマンス，周辺環境に対する建物の同化に貢献するために，新築，改装，改修される建物の外観，規模，道路上の建築線の要件，境界線や周辺整備との関係によ

る最低間隔に関する要件について，法規範を決定する。規則書はさらに，都市の生物多様性と自然の維持に貢献するために，場合によってはそれらの性質に応じてバランスをとりながら，防水処理を施さないあるいはエコ整備される地面について最低限の負担を課すことができる。……」

C.urb L.123-1-5条は，ゾーニングの種類として，都市区域（zones urbaines），市街化区域（zones à urbaniser），自然区域（zones naturelles），農業区域（zones agricoles），森林区域（zones forestières）を挙げる。なお，自然区域，農業区域，森林区域はそれぞれ異なる区域である点に，注意が必要である。Ⅱ.6°冒頭に記載の，例外としての制限地区が範囲限定タイプであることも特徴的である。Ⅱ.6°c）の3段落目に関しては，CDCの管轄権を争う訴訟が保証されている。また，CDCの意見には，社会学的観点が取り込まれる。というのも例えば，エネルギー面での適応などの場合は農業パフォーマンスを考えなければならないが，このことは必然的に社会学的圧力を導くからである。Ⅲ.1°は，土地の占有に関する主観的要素のロジックと同じである。そこでは，地面や境界線といった当局に対するもの，ビオトープ（biotope, 生息場所）のような都市レベルのもの，土地の占有を伴う建物などを考慮要素とし，自然の消費を回避しようとしている。

■ SCOTの統合機能の強化

SDに代わる，広域一貫スキーム（以下「SCOT」という）について，ALUR法129条(V)によって修正されたC.urb L.111-1-1条は次のように規定する。

C.urb L.111-1-1条

「Ⅳ. PLU，それに代わる都市計画文書，コミューン地図は，SCOTおよび地区スキームと整合するものでなければならない。

SCOTおよび地区スキームがPLU，それに代わる都市計画文書，コミューン地図の承認後に認められた時，必要な場合は，PLU，それに代わる都市計画文書，コミューン地図は1年の期間内に，SCOTまたは地区スキームと整合する内容にされる。整合化がPLUまたはそれに代わる都市計画文書の修正をもたらす場合，この期間は3年になる。

SCOTがない時，理由がある場合は，PLU，それに代わる都市計画文書，コミューン地図は，本条Ⅰに記載の文書および目的と整合する内容であると共に本条Ⅱ記載の文書を考慮しなければならない。……」

C.urb L.111-1-1条は，PLU，それに代わる都市計画文書，コミューン地図の，SCOTとの整合化に主眼を置く。なお，同条Ⅰ.4°ではグアドループ，フランス領ギアナ，マルティニーク，マイヨット，レユニオンなど海外県の地域整備スキーム（schémas d'aménagement régional），Ⅰ.6°では地域自然公園憲章と国立公園憲章（chartes des parcs naturels régionaux et des parcs nationaux）[3]などと，SCOTおよび地区スキームが整合するものとされている。このためSCOTおよび地区スキームは，山岳法（loi montagne, 正式名称は「山岳の開発と保護に関する1985年1月9日法（Loi du 9 janvier 1985 relative au développement et à la protection de la montagne）」）とも整合することが想定されており，C.urb L.111-1-1条Ⅳの後半でも山岳区域（zones de montagne）への言及がある。

さらに，ALUR法129条(Ⅴ)・139条(Ⅴ)によって修正されたC.urb L.122-1-2条は，SCOTと生物多様性との関係について規定する。

C.urb L.122-1-2条

「説明報告書は，風景や建築遺産の質を考慮しながら，PLUがL.123-1-2条の適用において高密度化と変容の能力を分析しなければならない空間を確認する。……」

C.urb L.122-1-2条は前段で「特に生物多様性環境（environnement,

notamment en matière de biodiversité)」に言及したうえで，上記のように続ける。なお，SCOTが生物多様性環境への配慮から河川の消費を制限するため，本来の目的とは反対に，住民の立退きを促進する面があることも懸念されている。

　ALUR法129条(V)によって修正されたC.urb L.122-1-5条は，PADDを具体的に実施するための「方針・目的文書 (document d'orientation et d'objectifs: DOO)」について規定する。

C.urb L.122-1-5条

「Ⅰ. 方針・目的文書 (DOO) は，都市計画と整備についての政策の，目的と基本方針を定める。

　それは，住居，経済・手工業活動，自然用地，農業用地，森林用地の保護との間でバランスのとれた，田園空間開発の要件を定める。
Ⅱ. それは，保護される自然，農業，森林，都市用の空間と用地を定める。それは，用地指定や境界画定をすることができる。それは，PLU，それに代わる都市計画文書，コミューン地図における境界画定を可能にするために，地域自然公園憲章の関連規定と地図学的な境界画定を適切な段階に移す。……」

　DOOは，要件付きであると同時に，対抗力をもつ。またC.urb L.122-1-5条は，SCOTのドキュメンテーション（文献情報管理），商業整備，分野の多様化といった機能を担う。商業専用区域を管理し，空間の多様化や近接性に配慮することで，都市に循環を与えるのである。

　ALUR法129条(V)によって修正されたC.urb L.122-2条については，SCOTとPLUの適用関係が問題となる。

C.urb L.122-2条

「Ⅰ. 適用可能なSCOTにカバーされていないコミューンの，次の区域

と地区は，都市計画文書の作成・進展手続の際の都市開発に参加できない：

1° 2002年7月1日以降に境界画定された，PLUあるいはそれに代わる都市計画文書の市街化区域；

2° PLUあるいはそれに代わる都市計画文書にカバーされているコミューンの，自然区域，農業区域，森林区域；

3° コミューン地図の建築不可能な地区。

Ⅱ. 適用可能なSCOTにも都市計画文書にもカバーされていないコミューンの，現在すでに市街化された部分の外側に位置する地区は，L.111-1-2条3°・4°に記載の計画を可能にするための都市開発に参加できない。

Ⅲ. 適用可能なSCOTにカバーされていないコミューンの，都市計画と住居に関する2003年7月2日の2003-590号法の発効後に建築可能になった区域と地区の内側では，商法典L.752-1条の適用による商業利用許可も，映画・アニメ映像法典L.212-7条およびL.212-8条の適用による許可も与えられない。

Ⅳ. 2016年12月31日まで，本条ⅠからⅢは，海岸から15キロメートル以上あるいは，国勢調査の意味する15000人以上の住民という都市単位の外周境界から15キロメートル以上に位置するコミューンには適用されない。」

　このようにC.urb L.122-2条は，SCOTによるPLUの制限や修正を認める。適用制限規定のⅣで言及される国勢調査が，SCOTの普及において特に大きな役割を果たす。なお，Ⅱで引用されているL.111-1-2条は，建築可能性に関する規定である。

　PLUの修正については，ALUR法139条(Ⅴ)によって修正されたC.urb L.123-13条とC.urb L.123-13-1条が，次のように規定する。

C.urb L.123-13条

「Ⅰ. コミューン間協同公施設あるいはL.123-6条12項で規定されるコミューンが次のように見なされる時は，PLUは修正の対象となる：

1° 整備・持続可能な開発プロジェクト（PADD）によって定められた方針の変更；

2° 分類された森林空間，農業区域，自然区域，森林区域の削減；

3° ニューサンスのリスク，景観，風景，自然環境の質に関するリスク，ニューサンスの重大なリスクを引き起こすことになる性質変化という理由で制定された保護の削減；

4° 設置から9年間，都市開発に開かれなかったあるいは，コミューンの一部または管轄のコミューン間協同公施設に関する重要な土地取得の対象でなかった市街化区域の，直接または不動産業者の仲介による都市開発への開放。

　修正は，コミューン間協同公施設の協議機関か市町村会議の協議によって規定される……。」

C.urb L.123-13-1条

「……修正案が，ある区域の都市開発への開放のためのものである時，管轄のコミューン間協同公施設の協議機関あるいは市町村会議の協議が，すでに市街化された区域内の未開発部分の都市開発権限とその区域内のプロジェクトの実際の実行可能性に関して，開放の有用性を正当化する。」

　PLUの修正は，ビオトープやコミューン間協同レベルのローカルプランを考慮し，自然区域を避けながら，都市計画の統合と明確化を図る。しかし，都市開発による区域の組織化は，従来の区域をリセットすることになるため，共同都市計画（co-urbanisme）のプラスマイナス両面を体現する場面とも考えられている。

SCOTの統合機能の強化に関する改正規定としては他に，

- ALUR法129条(Ⅴ)によって修正されたC.urb L.122-1-9条が挙げられる。

■ 都市計画訴訟の改革

都市計画訴訟に関する2013年7月18日のオルドナンスは，C.urb L.600-1-1条以下を改正した。すなわち，

- 都市計画訴訟に関する2013年7月18日のオルドナンス1条によって新設されたC.urb L.600-1-2条
- 都市計画訴訟に関する2013年7月18日のオルドナンス1条によって新設されたC.urb L.600-1-3条
- 都市計画訴訟に関する2013年7月18日のオルドナンス2条によって修正されたC.urb L.600-5条
- 都市計画訴訟に関する2013年7月18日のオルドナンス2条によって新設されたC.urb L.600-5-1条
- 都市計画訴訟に関する2013年7月18日のオルドナンス2条によって新設されたC.urb L.600-7条
- 都市計画訴訟に関する2013年7月18日のオルドナンス3条によって新設されたC.urb L.600-8条

である。

また，一連の改正規定には，

- ALUR法137条(Ⅴ)によって新設されたC.urb L.600-9条
- 都市計画訴訟に関する2013年10月1日のデクレ1条によって新設されたC.urb R.600-4条
- 都市計画訴訟に関する2013年10月1日のデクレ2条によって新設された行政裁判法典（Code de justice administrative）R.811-1-1条も含まれる。

これらの改正規定のうち，C.urb L.600-1-2条，同L.600-7条，L.600-8条が重要である。

C.urb L.600-1-2条

「国，地方公共団体や地方公共団体連合，アソシアシオン以外の者は，合法的に保持・占有しているか，そのために売買予約，賃貸借予約，建設・住居法典L.261-15条記載の予備交渉契約を得ているにもかかわらず，建築，改修，工事が占有，利用，享受の状態に直接の悪影響を及ぼす性質である時にしか，建築，取壊し，改修に関する許可に対する越権訴訟を申し立てることができない。」

　フランスでは1980年代から，都市計画訴訟において一般的な商事事件が扱われるようになった。その背景には，財政措置や差別的措置に疑問を抱いた者による司法へのアクセス，つまり司法参加の場を確保することが求められたという事情がある。なお，行政処分に介入する都市計画訴訟 (contentieux de l'urbanisme) はある者の権利を保護することにはなるが，あくまでも行政不服申立 (recours administratif) であって，裁判機関に提起される行政訴訟 (recours contentieux) ではない点に注意が必要である。[4] また，C.urb L.600-5-1条も扱う行政的平等 (égalité d'administratif) は，司法裁判官の掌中にない。

　C.urb L.600-1-2条の「占有，利用，享受の状態に直接の悪影響を及ぼす」の典型例としては，水質に悪影響を及ぼす場合が挙げられる。

C.urb L.600-7条

「建築，取壊し，改修に関する許可に対する越権訴訟を申し立てる権利が，原告の適法な財産上の利益の保護を超えて，許可の受益者に過度の損害を引き起こす状況で行使される時に，許可の受益者は明確な趣意書によって行政裁判官に，争訟の権利保有者 (＝越権訴訟の原告)

20　第Ⅰ部　現代の都市計画法

に損害および財産上の利益を割り当てることを余儀なくさせる争訟を申し立てることができる。その訴えは，控訴で初めて持ち込まれてもよい。

合法的に届出がなされ，環境法典L.141-1条の意味での環境保護を主な目的とするアソシアシオンが争訟の権利保有者である時に，アソシアシオンは適法な財産上の利益の保護という限度において訴えを起こすものと見なされる。」

損害の存在が，許可の受益者による争訟の訴訟係属を正当化する。また，越権訴訟の判決主文がすでに存在することを前提としている。

C.urb L.600-8条

「金額の支払あるいは現物報酬の付与に関する反対給付の争訟を断念することを約束する建築，取壊し，改修に関する許可の取消を，ある者が行政裁判官に求めているような和解はすべて，一般租税法典635条に従って記録されなければならない。

記録されない和解によって定められた反対給付は理由なしと見なされ，支払われた金額あるいは同意された報酬費用に相当する金額は返還請求を免れ得ない。

返還請求訴訟は，最後の支払あるいは現物報酬の取得から5年で時効にかかる。……」

通常，和解は記録される（enregistrée）ので合法的と認められることから，2段落目は例外的な場面について規定していると言える。利益を生むタイプの許可において，和解は活用される。

なお，都市計画訴訟に関する2013年10月1日のデクレ2条によって新設された行政裁判法典R.811-1-1条が，次のように規定する。

行政裁判法典R.811-1-1条

「行政裁判機関は，主に住居用の建物の建築や取壊しの許可，あるいは，建物や分譲地の全部または一部が一般租税法典232条およびその適用デクレに記載のコミューン管轄地域に設置される時の分譲地の整備の許可に対する争訟について，始審および終審で判決を下す。

　争訟に適用される本条の規定は，2013年12月1日から2018年12月1日の間に導入される。」

　行政裁判法典R.811-1-1条については，最後の段落で導入時期が明言されている点が注目される。

■ 住宅のための統合手続

　住宅のための統合手続に関する2013年10月3日のオルドナンス（PIL）によって新設されたC.urb L.300-6-1条は，住宅のための統合手続について詳細に規定する。

C.urb L.300-6-1条

「Ⅰ．都市ユニットにおける整備事業・建設の実施が住宅を主に含み，イル・ド・フランス地域圏のSD（指導スキーム），コルシカの持続可能な整備開発計画，地域圏整備スキーム，SCOT（広域一貫スキーム），PLU（都市計画ローカルプラン）およびそれに代わる文書と整合させることが必要な，一般利益としての性格を示す時に，その整合化は本条規定の住宅のための統合手続の枠組み内で行われる。

　住宅のための統合手続を享受する整備事業・建設は，L.121-1条の規定に合わせて，都市機能の多様性を尊重した住居における社会的混合に，コミューン規模で協力しなければならない。それは，公共建物や民間建物の長の管轄としてもよい。都市ユニットとは，地方公共団体一般法典L.5210-1-1条に記載のものをいう。

Ⅱ．住宅のための統合手続の義務は，整合化のための都市計画文書の

作成権限をもつ，あるいは整備事業・建設の許可や実施の権限をもつ，国や公施設，地方公共団体や地方公共団体連合によって定められてもよい。

Ⅲ. 整合化がSCOT，PLUあるいはそれに代わる文書，イル・ド・フランス地域圏のSDを対象とする時，L.122-16-1条，L.123-14-2条，L.141-1-2条の規定は，本条の留保条項の下でそれぞれ適用される。

整合化がコルシカの持続可能な整備開発計画や地域圏整備スキームに関わる時に，地方公共団体一般法典L.4424-15-1条とL.4433-10-1条の規定は，本条の留保条項の下でそれぞれ適用される。

前2項に記載の規定の適用について，住宅のための統合手続の対象の整備事業・建設は，同手続を開始した公法人のプロジェクトとなる。

本条Ⅰに記載のいくつかの文書の整合化が必要な時に，それらの各文書に適用される整合化手続は同時に進められてもよい。

住宅のための統合手続が開始されると，整合化が必要な都市計画文書の規定は，統合手続や整合化を行う決定の枠組み内で企画される国民アンケートの開催中は修正や改正の対象にならない。

Ⅳ. Ⅰに記載の文書の整合化が，次のものの適用を強いる時：

——国土整備指令；

——水域に関する整備・管理SD；

——水域に関する整備スキーム；

——建築遺産，都市遺産，風景遺産の保護区域における；

——建築物や遺産の活用エリア；

——増水が拡大している現場を除いて，環境法典L.562-1条に記載のPLUの都市区域における動きの遅い洪水のリスクに関する，予見可能な自然リスクの予防プラン；

——穴や泥灰岩採石場を仮に埋め立てる場合に地下の穴や泥灰岩採石場に関連づけて考えられるリスクに関する，環境法典L.562-1条

に記載の，予見可能な自然リスクの予防プラン；

——露天採掘鉱区の穴を仮に埋めるあるいはそのような穴がないことを明らかにする地下調査を行う場合の，新鉱山法典L.174-5条に記載の鉱山リスクの予防プラン；

——地域エコロジー一貫スキーム；

——広域気候エネルギープラン；

——都市移動プラン；

——住居に関する地域プログラム，

　国は本条Ⅳに規定の要件において，必要な適用を実施する。

　この適用は，適用文書によって定められた目的を無視してはならないし，関連区域の文化的，歴史的，生態学的な利益への侵害を引き起こしてはならない。それらは，プロジェクトが設定されているすべての区域の目的を修正できないが，一時的な例外としてその目的に限られた規模についてだけ規定する。

　住宅のための統合手続が洪水のリスクに関する予防プランの適用につながる時，整備・建設事業は，人々と財産の安全を確保するために必要な予防，保護，保証のための措置を規定する；それは考慮リスクを加重できない。

　適用が，関与する地域エコロジー一貫スキームを対象とする時に，適用案は場合に応じて，本法典L.122-16-1条，L.123-14-2条，L.141-1-2条あるいは地方公共団体一般法典L.4424-15-1条，L.4433-10-1条に規定された手続枠組み内で示される。当局，公共機関，地域委員会「緑と青のフレーム」が，本条Ⅳに記載の文書の作成権限をもつ。

　それは，県内にいる国の代理人によって準備される公開の国民アンケートのみで実施され，本条Ⅳに記載の文書の適用とⅢに記載の都市計画文書の整合化を同時に対象とする。環境法典L.123-6条2項および3項の規定が，このアンケートに適用される。

適用が地域エコロジー一貫スキームを対象とする時，国民アンケート後，それぞれの関連において，適用はⅣに記載の文書の作成権限をもつ当局，公共機関，地域委員会「緑と青のフレーム」の意見に従う。彼らは，見解請求から2か月後以降に意見を返す。それがなければ，賛成意見と見なされる。

書類に付された意見を考慮し場合によっては修正され，公的な所見，委員の報告書，アンケート委員会の適用措置は知事アレテによって承認される。もし，適用文書がコンセイユ・デタのデクレによって承認されたならば，適用措置もコンセイユ・デタのデクレによって承認される。

本条Ⅳに記載の文書は，統合手続の枠組み内で企画される国民アンケートが開催されて決定が文書の適用を行うまでの間，住宅のための統合手続の枠組み内で適用が必要な規定を対象とする修正・改正の対象にならない。

Ⅴ. 本条記載の文書の整合化と適用に関する規定は，プロジェクトの影響調査がそれらの規定の環境影響分析を含まないならば，付随調査である実施前の環境評価を対象とする。

Ⅳ. 整備事業・建設のプロジェクトが，住宅のための統合手続の開始決定日について十分に明確な内容である時，プロジェクト実現に不可欠な許可の交付のための必要書類は，許可の交付権限をもつ機関への指示手続開始を決めた当局によって，その日（＝開始決定日）に伝えられる。

その場合にコンセイユ・デタのデクレが，権限をもつ当局に対する必要書類とプロジェクトについての意見陳述期日を明確にする。」

C.urb L.300-6-1条は，都市ユニット（unité urbaine）という単位を前提とした規定である。同条は整備，建設，社会的混合（ソーシャル・ミックス）[5]など広い分野を扱うと共に，水域スキーム，エコロジーの

第2章　都市計画法の最前線　25

一貫性，気候プランなどについてPLUあるいはより上位の都市計画を適応させる旨を規定する。後者は，SUP（公益に関する地役）や組織の態様を変える可能性を意味する。住宅の整備開発のために，文書の目的を無視することや公益に対するリスクを引き起こすことは，例外を除いて許されない。なお，C.urb L.300-6-1条では，コンセイユ・デタの3つの機能が示されている。すなわち，①都市計画を把握し，②一般利益を保護し，③必要な制限を加える，という3要素である。

■ 住宅建設の発展とPLUの整合化

　最後に，住宅建設の発展に関する2013年10月3日のオルドナンスによって新設されたC.urb L.123-5-1条を紹介する。

C.urb L.123-5-1条

「一般租税法典232条に規定のリストに記載されている5万人以上の住民がいる都市化区域（zone d'urbanisation）に属するコミューン内と，建設・住居法典L.302-5条7項に規定のリストに記載されている15000人以上のコミューン内では，本条の要件と態様に従って，PLUあるいはそれに代わる文書の適用除外が認められる。

　社会的混合目的におけるプロジェクトの性質や設置区域を考慮しながら，建築許可の交付権限をもつ当局は，正当な決定によって，次のものの適用を除外できる：……」

　C.urb L.123-5-1条の適用除外は，もっぱらコミューンの住宅を対象にする。同条は合憲的な住宅を受け入れてからSUPの設定や立退きを検討するため，住民の権利を弱める規定とも言える。

■ 環境グルネルをめぐる最近の状況

　フランスでは2005年の憲法改正を背景に，「環境グルネル（Grenelle de l'environnement）」という大規模な環境会議が開催された。環境保護

に消極的であると批判された当時の大統領サルコジ（Nicolas Sarközy, 1955-）が，次期大統領選に向けてそうした批判をかわすために開催したとの見方もある[6]一方で，環境グルネルが生まれた主な要因としては次のことが考えられる。

- 欧州憲法条約批准の是非を国民に問う，国民投票を実施するための国内憲法の2005年改正[7]。
- オーフス条約（英 Convention on Access to Information, Public Participation in Decision-making and Access to Justice in Environmental Matters）[8]の7条・8条の影響。具体的には，2007年大統領選キャンペーンで環境ジャーナリストのユロ（Nicolas Hulot, 1955-）が，これらの条文を挿入したエコロジー規約（pacte écologique）を提唱したことが大きい[9]。
- フランスの環境NGOグループである，地球連合（L'Alliance pour la planète）[10]の台頭。

環境グルネルは，5つの当事者グループすなわち，

- 国
- 企業
- 労働組合
- 地方公共団体
- 環境NGO

から6名ずつの代表者たちが，6つのテーマすなわち，

- 気候変動およびエネルギー（原子力を除く）
- 生物多様性および自然資源
- 健康に配慮した環境づくり
- 持続可能な生産と消費
- 環境民主主義
- 雇用と競争力を促進するエコロジー開発

について設置された 6 つのワーキンググループ内で，それぞれ 5 名が対話するかたちで行われた。なお，遺伝子組換え生物 (英 GMO)[11] と廃棄物に関しては，2 つのワーキンググループで共通に論じられた。

ワーキンググループ作業は2007年 7 月中旬から急速に進められ，同年10月24〜26日に開催された最終円卓会議とサルコジのスピーチによって公表された268の提案が，続く2008年 1 月から 4 月にかけて開催された34のキャンペーン委員会による提案と共に法制化されたのが，2009年のグルネルⅠ法である。同法 1 条と，持続可能な開発および環境グルネル国家委員会の設置に関する2010年 4 月13日のデクレ (Décret du 13 avril 2010 portant création du Comité national du développement durable et du Grenelle de l'environnement) が，同委員会の設置を支えた。また，憲法レベルでは，環境民主主義についての委員会である経済・社会・環境委員会 (Conseil économique, social et environnement: CESE) が環境グルネルの法制化を支え，憲法章典 7 条の適用を導いた。

なお，2012年に国民運動連合 (UMP，2015年から共和党に改称) のサルコジから社会党のオランド (François Hollande, 1954-) に大統領が替わったが，オランドが環境グルネルのフォローアップ委員会を立ち上げるなど，環境グルネル政策の実施に問題はない。2013年にはオランドが，当時のフランス首相エロー (Jean-Marc Ayrault, 1950-) と共同で『環境法の刷新に関する一般報告書 (états généraux de la modernisation du droit de l'environnement)』を発表するなど，実施段階にある環境グルネル政策に特に変化は見られない[12]。

グルネルⅠ法およびグルネルⅡ法が都市計画法にもたらした影響は，大きく 4 つに集約される。すなわち，

- リスト制度の導入
- 許可を得るための書類の要求
- あらゆる保護化

- 計画目的の明確化

である。

　環境グルネルは環境リスクや生態環境（エコロジー）を広く扱うが，そこで論じられる「予防（précaution; prévention）」には都市計画法的要素が多分に含まれる。例えば，国土整備，土地利用，区域設定等の計画化，都市開発への参加，観光開発，許可システムなどはすべて相互に関連し合いながら，地理的にあるいはエネルギー面から環境に影響を与える。そこで，グルネル I 法およびグルネル II 法は，PLUと環境を結びつけると共に，PLUの再評価を行ったのである。これらは，従来の都市計画法を大きく改革することになった。[13]

　環境グルネルの影響は，以下の規定にも見られる。

- 「環境憲章 7 条に定められた市民参加原則の実施に関する2013年
  8 月 5 日のオルドナンス（Ordonnance du 5 août 2013 relative à la mise
  en œuvre du principe de participation du public défini à l'article 7 de la
  Charte de l'environnement）」

- 「環境保護のための指定設備リストを修正する2013年12月27日の
  デクレ（Décret du 27 décembre 2013 modifiant la nomenclature des
  installations classées pour la protection de l'environnement）」

　なお，グルネル I 法は，57条の非規範的な行動計画から成るプログラム法律である。また，グルネル II 法の制定後も，40の税制措置を扱う財政法として「グルネル III 法」の制定が検討されている。またフランスでは近年，自然リスクとりわけ洪水のリスクに対する関心が高まっており，自然リスクの予防プランを重視した環境グルネル政策も[14]求められている。こうした新たな課題についての，国民による議論が待たれる。

2　都市計画と自然リスク

　フランスでは1990年代から，自然災害の予防が論じられるようになった。フランスにおける自然リスクの主な根拠法は，環境法典，都市計画法典 (C. urb)，地方公共団体一般法典 (CGCT. 特にL.2212-4条)[15]，民法典 (Code civil. 特に1382条と1383条)，刑法典 (Code pénal. 特に221-6条と222-19条) である。コンセイユ・デタは2005年に報告書『リスクの責任と共有化 (Responsabilité et socialisation du risque)』を公表し，次のように述べた。

　「われわれの社会は，不可避性を認めない。不可避性は，安全に関して次第に増していく要求によって特徴づけられる。この要求は，すべてのリスクがカバーされなければならず，すべての損害賠償が迅速かつ完全でなければならず，そのために社会は，自らが引き起こした損害の賠償だけでなく，自ら防ぐことができる状態になかったあるいは状況を予見できなかった損害も考慮しなければならないという確信を生み出す。

　一般的にはリスクのカバーを拡大することや争訟が検討されるが，そうした可能性や広がりが有効な段階とは見なされないかつ賠償請求を満たすことが不可欠な場合には，さまざまな階級，保険，責任，連帯の，混合メカニズムが検討される。」

　次第に増していくリスクの共有化は，被害者たちの責任免除と結びつきながら，重大な自然リスクの突発に起因した，損害を与えうる影響をよりよく予防するために，国の介入範囲を最大限に発展させる。自然リスクの予防については，7つの柱 (sept piliers) に沿って介入が行われる。すなわち，

- 現象とリスクの認識
- 予防のための情報
- 整備におけるリスクの考慮

- 危険性の調査と監視
- 脆弱性の削減
- 危機管理の準備
- 経験の反省

である。柱はそれぞれ本質的に，訴訟行為や国の責任義務を導くのに有利な分野と言える。環境法典L.562-1条は予見可能な自然リスクの予防プランを作成することを国だけに任せたが，自然リスクの予防は国だけの責任ではない。[16)]

　地方の責任者も，特に地方議員や国の事務分散機関の責任者たちが，自然大災害の被害者たちによって追及される自らの責任を理解できる分野に関しては，多く当事者として介入する。

　最近，フランスの裁判所は，2010年2月27日から28日にかけてフランス沿岸を吹き荒れてフォット・シュル・メール (Faute-sur-Mer) 市の29名の人命を奪ったシンシア暴風 (tempête Xynthia) の事後調査の枠組み内で，「責任の分配 (partage de responsabilités)」を明らかにした。

　現在までにこの事件では，フォット・シュル・メール市長，都市計画担当の第一助役，市の都市計画委員会の他の助役メンバー，不動産開発業者，前・県設備部 (ex Direction départementale de l'Equipement: DDE) の公務員の計5名が，過失致死と他人の命を危険にさらしたとして軽罪裁判所に移送された。また，被害者のほとんどが亡くなった住宅を建設した2つの組合が，法人として移送された。

　リスク予防に関する当事者たちの責任義務について核心をついたこの事件は，公的な立場にいる当事者たちを自らの義務について自問させる契機になった。

3 フランスの都市計画訴訟と裁判権——都市計画法典L.480-13条を素材に

■ はじめに

　都市計画訴訟は，都市計画自体の大規模性ゆえに利害関係者が多数・多様であり，行政訴訟の中でも訴訟ニーズが高い。しかし，都市計画決定等に処分性が認められていない現在の日本では，決定等そのものを取消訴訟によって争うことができず，異議がある者は迂遠かつ効力が十分ではない他の訴訟手法に頼らざるを得ない。最高裁大法廷平成20年9月10日判決（民集62巻8号2029頁）は青写真判決の判例変更を行い，こうした状況に一石を投じたものの，都市計画訴訟に関する法制度不備の問題は解消していない。そのため，都市計画訴訟全体の活用は進んでいない。このように，都市計画訴訟をめぐる議論が，関連する法制度を含めて未だ成熟段階にはないというのが，日本の現状である。

　他方，都市計画に関する法制度の整備が進んだフランスでは，従来から都市計画訴訟について活発な議論が展開されてきた。議論は多岐にわたるが，それらのうち特にユニークなものの1つとして，都市計画地役（servitude d'urbanisme）違反を理由とする民事訴訟としての都市計画訴訟をめぐる論点が挙げられる。このような訴訟においては，行政裁判官と民事裁判官の判断間の矛盾が正面から問われることになるため，都市計画訴訟における裁判権のあり方を考えるという意味では興味深い。

　そこで，本章では，都市計画法典L.480-13条に基づく民事訴訟としての都市計画訴訟に着目し，同条をめぐるフランスでの議論を概観・分析する。なお，日本への示唆という観点からは，建築基準法の建築確認に最も関連する議論であると思われる旨，予め指摘しておきたい。

32　第Ⅰ部　現代の都市計画法

■ 都市計画訴訟の現況

(1) フランスの都市計画法制と都市計画訴訟の現況

　フランスでは，都市計画法典（Code de l'urbanisme. 以下「C.urb」という）が都市計画法全域を網羅的に扱う。土地占用プラン（POS）や建築許可（permis de construire），協議整備区域（zone d'aménagement concerté: ZAC[17]），区画分譲許可（permis de lotir[18]）など都市計画に関連する行政決定を，個人または団体（association, アソシアシオン）が争うタイプの越権訴訟（recours pour excès de pouvoir: REP[19]）が，フランスの行政裁判のかなりの割合を占めるという状況からも[20]，フランスにおける都市計画訴訟の重要性がうかがわれる。

　なお，都市計画訴訟は原則として行政裁判機関の裁判管轄に属するが，付帯問題については司法裁判機関の裁判管轄が問われる場合もある。本書が着目するC.urb L.480-13条も，後者の例と考えられる。

(2) 都市計画訴訟に関する理論

(a) 都市計画地役の位置づけ

　フランスにはさまざまな地役（servitude）が存在するが，都市計画法との関連では，大きく２つのタイプの地役が重要である。私法上の地役（servitudes droit privé）と行政地役（servitudes administratif）である。前者は，土地の地役に関する計画において用いられ，通行地役（servitude de passage）が典型例であり，地役権すなわち"権利"のニュアンスが強い。これに対して後者は，全国的な計画において一般利益のために私有地に課される負担を意味し，公益に関する地役（servitudes d'utilité publique: SUP）と共に都市計画地役も，この典型例[21]として位置づけられる。つまり，土地の所有者にとって，都市計画地役はあくまでも"負担"であって，地役権を含意するのではない点に注意が必要である。

(b) 都市計画法典L.480-13条に基づく建物取壊し訴訟

第2章　都市計画法の最前線　33

都市計画地役違反（violation d'une servitude d'urbanisme）は，異常な近隣妨害論（théorie des troubles anormaux de voisinage），物権侵害（violation d'un droit réel）と並んで，第三者が都市計画に関する民事訴訟を提起する際の法的根拠の1つとなる。すなわち，都市計画に関連して権利を侵害された第三者は，先の3つの異なる法的根拠に基づいて民事裁判官に救済を求めることができる[22]。これらのうち，最も議論されるのが，都市計画地役違反を法的根拠とする，民事訴訟としての都市計画訴訟である。行政裁判官が与えた違法な建築許可に基づいて建設された建物による損害について，都市計画地役違反を理由に，民事裁判官に救済を求めることになるこのような都市計画訴訟においては，行政裁判官と民事裁判官の判断間の矛盾が顕著に問題となるからである。

都市計画地役違反を理由とする都市計画訴訟について規定するL.480-13条は，1976年12月31日法（Loi n° 76-1285 du 31 décembre 1976）によってC.urbの中に新設された[23]。同条の文言は，次のとおりである。「建物が建築許可に従って建設された場合，

a）予め，許可が行政系統の裁判機関によって越権として取り消されていなければ，所有者は，都市計画に関する法規範あるいはSUP（公益に関する地役）の無知の事実による取壊しを司法系統の裁判機関に命じられることはない。取壊し訴訟は，行政系統の裁判機関の最終的判決後2年の期間内に，遅くても開始されなければならない。

b）予め，許可が行政系統の裁判機関によって越権として取り消されていなければ，あるいは違法性が行政系統の裁判機関により認められていなければ，建築者は，損害賠償を司法系統の裁判機関に命じられることはない。民事責任訴訟は，工事完成後2年の期間内に，遅くても開始されなければならない。

工事完成が，住宅国家契約に関する2006年7月13日法の公布前である場合，以前の時効がその制度に従って進行していく。

34　第Ⅰ部　現代の都市計画法

（Lorsqu'une construction a été édifiée conformément à un permis de construire,

a) Le propriétaire ne peut être condamné par un tribunal de l'ordre judiciaire à la démolir du fait de la méconnaissance des règles d'urbanisme ou des servitudes d'utilité publique que si, préalablement, le permis a été annulé pour excès de pouvoir par la juridiction administrative. L'action en démolition doit être engagée au plus tard dans le délai de deux ans qui suit la décision devenue définitive de la juridiction administrative;

b) Le constructeur ne peut être condamné par un tribunal de l'ordre judiciaire à des dommages et intérêts que si, préalablement, le permis a été annulé pour excès de pouvoir ou si son illégalité a été constatée par la juridiction administrative. L'action en responsabilité civile doit être engagée au plus tard deux ans après l'achèvement des travaux.

Lorsque l'achèvement des travaux est intervenu avant la publication de la loi n° 2006-872 du 13 juillet 2006, portant engagement national pour le logement, la prescription antérieure continue à courir selon son régime.）」

　このように同条は，違法な建築許可が越権として取り消されていない場合に，民事裁判官にとって，有効性審査訴訟（recours en appréciation de validité）を提起された行政裁判官のみが解決できる先決問題（question préjudicielle）をもたらすことになる。建物が建築許可に従って建設されたという事実は，民事裁判官が所有者・建築者に取壊しを命じる判決に対する妨げとならない。しかし，L.480-13条の存在により，許可の違法性が行政裁判官によって予め確認されていることを求められる。つまり，違法な建築許可が行政裁判官によって予め越権として取り消されていなければ，民事裁判官は判決を下せないのである。

　なお，L.480-13(a)条の所有者（propriétaire）とはっきり区別される

第2章　都市計画法の最前線　35

L.480-13(b)条の建築者（constructeur）について明確な定義づけはなされていないが、仕事の受領まで注文者のために品質を保持する、個人住宅メーカーのような建売不動産業者を想定しているものと思われる[24]。

　ここで改めて先決問題（question préjudicielle）とは、フランスにおいて、行政の行為に関する争訟が行政裁判機関と司法裁判機関の両方の裁判管轄に配分されることを前提に、これらの争訟の対象が別の争訟において本案を解決するための前提問題として提起される場合に生じる問題をいう。すなわち、こうした前提問題であり、当該裁判機関（行政裁判機関または司法裁判機関）の裁判管轄が認められないものが、先決問題である。先決問題の存在は必然的に訴訟遅延を招くため、裁判管轄の配分の難しさと共に、フランスの二元的裁判所制度における最大の弊害の1つと考えられている[25]。先決問題は行政裁判機関または司法裁判機関で生じうるところ、L.480-13条は、司法裁判機関において執行的決定としての行政行為（acte administratif）の効力および解釈が前提問題として提起された場合と類似の状況をもたらす[26]。つまり、L.480-13条との関係で、建築者が自らに与えられた建築許可の条項を尊重しながら建物を建設した場合、司法裁判官はもはや、直接に判決を下すことができない。行政裁判官が許可の適正性について判決を下さない間、民事裁判官は判決を延期しなければならないのである。このため、同条に対しては、民事裁判官の独立性を侵害している[27]、あるいは司法裁判管轄を狭めたとの批判がある[28]。L.480-13条が引き起こす先決問題の難しさは当初から指摘されていたが、さらに、住宅国家契約に関する2006年7月13日法（Loi n° 2006-872 du 13 juillet 2006 portant engagement national pour le logement. 以下「ENL法」という）が、(a)所有者を対象とする訴えと(b)建築者を対象とする訴えという2つの責任の訴えを区別する方向でL.480-13条を修正したことにより、決定的と

なった。[29]

　もっとも，L.480-13条自体は，行政訴訟（取消訴訟）→民事訴訟の順
に判断が行われるべき場面について規定したにすぎず，条文の文言だ
けでは必ずしも先決問題が生じるようには見えない。むしろ，条文の
文言にはない例外的な場面をあえて論じることで，先決問題を引き出
しているように思えなくもない。つまり，L.480-13条に伴う先決問題
の本質は，行政裁判機関による判断をいわば飛ばした状態で，違法を
前提として民事裁判官が判断することを良しとするかどうかという点
にあると考えられる。

　このように，L.480-13条に伴う先決問題は複雑性を極めるが，可能
なかぎり整理を試みることから始めたい。

■ 都市計画訴訟の法的論点

(1) フランスの二元的裁判所制度における都市計画訴訟

　フランスは，相互に独立した２つの系統の裁判機関，すなわち，

- 破毀院（Cour de cassation）を頂点とする，司法系統の裁判機関
  （ordre judiciaire. 以下「司法裁判機関」という）
- コンセイユ・デタ（Conseil d'Etat）を頂点とする，行政系統の裁判
  機関（ordre administrative. 以下「行政裁判機関」という）

から構成される二元的裁判所制度をもつ。

　司法権と行政権の関係についてフランスでは，行政裁判権は行政権
に帰属し司法権の範囲には含まれないとされるため，行政事件は行政
裁判機関で扱われる。また，行政裁判機関は司法裁判機関とは別個独
立の組織であるから，行政裁判機関の裁判官は行政官として採用さ
れ，司法裁判機関の司法官との人事交流もほとんどない。行政裁判機
関では行政事件，国家賠償請求事件，公法人による契約をめぐる紛争
などが扱われるが，司法裁判機関の行為に関する国家賠償請求事件は

第２章　都市計画法の最前線　37

司法裁判管轄に属する[30]。他方，司法裁判機関は，民事事件，商事事件，刑事事件などを広く扱う。こうした事件の振り分けは，基本的には専門性に由来するが，司法裁判管轄と行政裁判管轄の配分規定（実定法および判例法上の諸規範）は極めて錯綜しているのが現実である[31]。

このような二元的裁判所制度の下，都市計画訴訟においては，行政裁判官はもちろん，司法裁判官とりわけ民事裁判官が重要な役割を果たす。まず，行政裁判官と司法裁判官の関係については，都市計画に関する前者によるコントロールを，後者によるそれが補っていると考えられる。もっとも，行政裁判官と司法裁判官が追求するものはかなり異なるし，司法裁判官の関与は刑事裁判官の場合もあるし民事裁判官の場合もある。そこで司法裁判官について見ると，刑事裁判官は，一般利益（intérêt général）のために，都市計画規範違反に対して制裁を下す。民事裁判官の関与は，刑事裁判官のそれよりもはるかに種々雑多である。例えば，公用収用（expropriation）に伴う補償額の決定や先買の価格に関与するだけでなく，先買権（préemption）手続に関する規範の無知による売買の無効や，土地建物の区画に関する規制を尊重しない土地売買の無効を判決で言い渡すこともできる。都市計画をめぐる紛争の最終段階において，近隣建物の建設により損害を被った第三者が提起した訴訟や，特定の公権力（autorités publiques）により許可された違法な建物の取壊し訴訟の裁判権をもつのも民事裁判官である[32]。

つまり，本書が着目するL.480-13条は本来，司法裁判管轄の中の民事裁判管轄にもっぱら属している。

(2) 権限裁判所と先決問題の関係

二元的裁判所制度の下では，司法裁判機関と行政裁判機関の間で裁判管轄をめぐる争いが生じうる。このような争いすなわち権限争議（conflit d'attributions）を解決する裁判機関として，権限裁判所（Tribunal

38 第Ⅰ部 現代の都市計画法

des conflits) が置かれている。権限裁判所は、司法裁判機関および行政裁判機関の上位に位置づけられる裁判機関であり、破毀院およびコンセイユ・デタの構成員から同数の代表者によって構成され、司法大臣が裁判長として主宰する (1872年 5 月24日法25条。2015年 4 月 1 日最終修正[33])。なお、権限争議には、積極的権限争議 (conflit positif d'attributions) と消極的権限争議 (conflit négatif d'attributions) がある[34]。司法裁判機関と行政裁判機関の双方が互いに相手方の裁判管轄であることを理由に訴えを受理しない後者より、訴えを受理した司法裁判機関の裁判管轄を行政裁判機関が争う前者が、一般的である。つまり、司法裁判機関と行政裁判機関が裁判管轄を取り合うのが権限争議の一般的な構図であり、先決問題もこうした構図の延長線上にある。

　もっとも、先決問題は本案の前提問題にすぎないので、本案の裁判管轄を扱う権限裁判所の掌中にはない。また、後述の、権限裁判所が関与しうる判決争議においても、扱われるのはあくまでも本案判決である。このように、権限裁判所は先決問題の解決に直接には関与できないというのが、フランスの現状である。

(3) L.480-13条と判決争議——行政裁判官と司法裁判官の判決間の矛盾

　フランスにおいて行政裁判機関と司法裁判機関が対立する場面として、判決争議も見ておきたい。判決争議 (conflit de jugement)[35]とは、行政裁判機関と司法裁判機関がそれぞれ自らの裁判管轄を認めた上で本案判決をしたところ、それらの判決間に矛盾がある場合、訴訟当事者が権限裁判所に対して本案についての判断を求めることをいう。なお、判決争議は行政法上の概念であり、民事訴訟法上の概念である判決間の矛盾 (contrariété de jugements)[36]と、厳密には異なる。

　L.480-13条がもたらす状況は、直観的には判決争議に近いものと捉えられるが、実際は本案の前提問題について行政裁判官と司法裁判官の判断間に矛盾があるにすぎない。つまり、L.480-13条において判決

第 2 章　都市計画法の最前線　39

争議そのものが問題となることはない。

　また，L.480-13条に伴う先決問題のような場面に権限裁判所が関与できない点については，司法裁判機関および行政裁判機関の上位裁判機関であるという権限裁判所の位置づけや，したがって権限裁判所の判決についてはいかなる上訴も認められないことを考慮すると，既判力の観点からは妥当だろう。なお，行政裁判官はL.480-13条の下，第三者によって先決問題あるいは越権訴訟を提起されることになるが[37]，越権訴訟の取消判決には対世効が認められているので[38]，民事訴訟よりは既判力が広いと考えられなくもない。

(4) 行政裁判官と司法裁判官の判断間の矛盾——L.480-13条のメカニズム

　L.480-13条が，行政裁判官と民事裁判官の判断間の矛盾を引き起こすことは先に触れた。ここで，L.480-13条のメカニズムを検討したい。

　前提として，L.480-13条は，建築許可に従った建物にしか適用されない。それゆえ，許可のない (absence) 場合や取り消された (annulation, retrait) 場合，滅効 (péremption)，許可違反 (violation) については，想定していない[39]。

　1976年の新設以来，L.480-13条は都市計画訴訟の基本条文である。同条は，都市計画に関する許可の受益者にすべての不意打ちを免れさせることを趣旨とするものの，そこには全く達していないのが現状である[40]。それどころか，L.480-13条のメカニズムが私人にとってはしばしば有害であることも指摘されている。同条が引き起こす"法律学の往復 (jeu de navettes)"[41]が，訴訟手続期間を著しく延長すると共に，第三者の裁判費用を増大させるからである[42]。

　ここで改めて第三者とは，都市計画地役違反によって直接に損害を被った私人をいう。損害の証明責任は，原告の第三者側にある。フランスでは，都市計画に関する法規範違反に基づく占有の訴え (actions possessoires)[43]が常に棄却されるため[44]，第三者が建物の所有者を訴える

40　第Ⅰ部　現代の都市計画法

民事訴訟においてはもっぱら，都市計画に関する法規範あるいはSUP（公益に関する地役）違反に基づく建物取壊し訴訟が問題となる。また，建築許可が越権として行政裁判官によって予め取り消されている時しか，当該民事訴訟の勝訴の可能性はない。司法裁判官によって行政裁判官に示された先決問題の結果としての建築許可の適法性について，第三者の訴訟引込み（remise en cause）が行われることはない。越権訴訟の提訴期間は原則として2か月だが，民事訴訟の行使を直接の条件に，いくつかの条文によって延長も認められる。ともかく，建築許可が実際に越権訴訟の対象となり取り消されたならば，民事訴訟の時効期間は，行政裁判機関の最終的な判決から2年である。したがって実際には，時効の始点は，かなり先に延期されうる[45]。

L.480-13条のメカニズムには，大きく2つの欠点があると考えられる。これらの欠点はそれぞれ，"法的な障害物競争（steeple-chase juridique）"と"時限爆弾（bombe à retardement）"に例えられることが少なくない[46]。以下で，順に検討する。

(a) メカニズムの欠点①——（第三者にとっての）法的な障害物競走

1つ目の欠点は，建築許可が明らかに違法であっても，当該許可を得ている建築者はL.480-13条に保護されて，司法裁判官に阻止されることなく自らの工事を進めることができる点である。行政裁判官に対して許可の有効性に関する先決問題を提起するという民事裁判官の義務は，自らの判決を数年間延期すると共に，工事が完成されるまですべての時間を放置することになる。このことは，レフェレ（référé, 急速審理）民事裁判官にさえ当てはまるとされる（破毀院第3民事部1988年10月19日判決，破毀院第1民事部1990年6月12日判決）[47]。つまり，同条のメカニズムは，たとえ許可が明らかに違法でも，建物による危険がある私人に，司法裁判官によって隣人に工事をやめさせようとすることを禁じる。破毀院はこのことを，破毀院第3民事部1983年11月22日判決

において初めて明確にした。[48]

　L.480-13条は，許可を尊重する建築者に対して一定の衡平 (équité) を配慮した規定だが，見え透いて違法な許可によって着手された工事を迅速かつ確実に阻止することを，第三者すなわち権利を侵害された私人に許さない。第三者はまず，許可の取消あるいは違法性の確認 (déclaration) を得なければ，自らの権利を守ることができない。[49] 建築許可の違法性に関する先決問題を提起された行政裁判官には，迅速に判断を示す義務が建て前上はないので，第三者は場合によっては数年間，裁判官の判断をじっと待つしかないことになる。[50] こうした状況が，第三者にとって，同条のメカニズムが法的な障害物競争に例えられる所以である。

(b) メカニズムの欠点②——（違法に許可を得た者にとっての）時限爆弾

　2つ目の欠点は，L.480-13条が建築許可を得た建築者を絶対的に保護する訳ではないことに起因するパラドックスの存在である。見え透いて違法な許可によって着手された係争建物の隣人である第三者は，確かに多くの場合，建物の完成を無力に見守ることを余儀なくされる。他方，こうした第三者は，民事訴訟に先立つ越権訴訟を行う義務は何もないし，行政裁判官の面前で不確定な当該訴訟の結果を待つことなく民事訴訟を活用できる。[51] 工事完成後，5年の期間内に民事訴訟を提起した第三者は，与えられた許可の有効性審査訴訟に参加 (intervenir) できるからである。[52]

　なお，破毀院は，建築許可なくあるいは建築許可に違反して建設された建物に対する訴訟提起期限を10年としてきたが（破毀院第3民事部2000年4月27日判決），2008年6月17日法 (Loi n° 2008-561 du 17 juin 2008. 以下「2008年法」という）によって，民事訴訟の時効期間は5年に統一された。したがって，建築許可なくあるいは2008年法の発効後に建築許可に違反して建設された建物に対する民事訴訟の時効は工事完成後5

年だが，都市計画地役違反を理由とする民事訴訟は，L.480-13条によって工事完成後2年で時効にかかることになる（もっとも，工事完成がENL法の公布前であれば，後者の時効も5年となる）。つまり，2008年法による5年という時効が一般時効であるのに対し，L.480-13条による2年という時効は特別時効の関係にある[53]。建築許可なくあるいは建築許可に違反して建設された建物の方が，建築許可に従って建設された建物よりも，工事完成後に第三者によって民事訴訟を提起されうる期間が長いのである。

　こうしたメカニズムは，違法な建物を工事完成から最長5年間放置する一方で，適法な建物についても，行政裁判官により建築許可が結局は違法との判断が示されれば，建築者は建物を取り壊して隣人に損害賠償金（dommages et intérêts）を支払わなければならないことを意味する。待ち時間が長くなるほど損害賠償金が多額になるのは，言うまでもない[54]。このようにL.480-13条は，適法な許可の受益者を効果的に保護する代わりに，違法に許可を得た者にとっては時限爆弾となりうる。

　時限爆弾性に関して，法的観点からは，C.urb L.600-3条が規定する通知義務がL.480-13条には適用されないこと，越権訴訟が大いに争われても都市計画に関する判決に直接には影響しないこと，許可が違法とされた場合にアストラント（astreinte, 罰金強制）という厄介な手法の下で取壊しが命じられる恐れなどが併せて指摘されている[55]。また，政治的観点からは，後で取り壊すことになる建物が大きくなる前に損害を通知しないこと，建物が建設されるまま放置することが問題とされている[56]。これらの指摘との関連で，建設当初から明らかに違法な建物である，建築許可なくあるいは建築許可に違反して建設された建物の方が，当初は一応，建築許可に従って建設された建物よりも，放置期間が長いという奇妙な状況にも違和感を覚えるだろう。

第2章　都市計画法の最前線　43

このようにL.480-13条は，第三者の権利を留保するという条件の下でのみ建築許可が与えられる，という原則をひどく弱める傾向がある[57]。もっとも，同条がもたらす状況について学説は全体的に，行政裁判機関と司法裁判機関の分離の原則によって正当化されうることを認める[58]。建築許可に従って建物を建設した建築者が，都市計画地役違反として有罪の判決を下される場合，民事裁判官は行政行為を解釈することも適法性を審査することもできないはずなのに，民事裁判官が個別的行政行為 (acte administratif individuel) の有効性を間接的に審査することになる[59]。

民事裁判官はC.urbの適用を避けることができないし，L.480-13条の要件が満たされれば同条のメカニズムに従わなければならない。そこで，民事裁判官は対抗策を講じることになる。同条の適用範囲は，判例によって厳しく制限されてきた[60]。民事裁判官の判例による対抗策としては，大きく2つが挙げられる。

(c) 民事裁判官の対抗策①──審署前の行為

L.480-13条は，審署 (promulgation)[61] より前の行為を支配することができない。同条は，訴訟手続の即時適用 (application immédiate) に関する単なる手続原則ではなく，本案を構成するからである。時点によるL.480-13条の適用制限は，破毀院第3民事部1978年11月21日判決で初めて認められ，以後，何度も確認された[62]。

(d) 民事裁判官の対抗策②──建築許可に従った建物

L.480-13条の最も重要な適用制限は，破毀院第3民事部1984年1月31日判決 (以下「Vergriète判例」という) で示された。民事裁判官は判決を延期する前に，都市計画地役違反についての責任の訴えの受理可能性の要件として，次の内容を満たすか確かめなければならない。すなわち，

「たとえ建築者に与えられた建築許可について原告が行政裁判官の面

前で取消を求めていなくても，違反が明らかで利害関係者に損害をもたらしたかどうか，自らの管轄に属する紛争当事者に判決を下すことが，POS（土地占用計画）で規定された後退地役（servitude de reculement）[63]の観点に違反した配置計画（implantation）に基づく建物の取壊し訴訟を提起された事実審裁判官の役目である。そして，もしそう（＝違反が明らかで利害関係者に損害をもたらした）であれば，建築許可の適法性審査訴訟（appréciation de la légalité）で有責の判決が下される前に……行政裁判機関に移送しなければならない。[64]」

つまり，L.480-13条は"建築許可に従って建設された建物"に適用されるにすぎないので，許可外または許可を越えて完成された工事は外されるし，単なる事前の届出後に行われた工事も同様である。同条は，建築許可の適法性に関する先決問題を行政裁判官に提起したことがない民事裁判官が，「都市計画に関する法規範あるいはSUP（公益に関する地役）の無知の事実」に関して何か命じることを禁じる。しかし，SUPでも都市計画に関するものでもない，法規範違反に基づく訴えを提起されるやいなや，民事裁判官は自らのすべての権限を取り戻すことになる。[65]

先のVergriète判例は，私人の損害を前提に先決問題が成り立つことを明示している。私人すなわち第三者の都市計画訴訟が，なかなか受け入れられないからである。同判例はまた，"法的リアクションに関する法務官的有責判決（condamnation prétorienne）[66]"を形成している。これはL.480-13条が実際は，当初求めた目的とは逆のものである，判例によるリアクションへと引きずり込まれることを意味する。[67]

事実審裁判官は，多かれ少なかれ，ためらいと共にL.480-13条を適用するものと思われる。パリ控訴院1978年9月27日判決は，行政裁判官によって許可が適法との判決が下されていたという理由で，第三者側を却下した。他方，同控訴院1986年1月6日判決は，POS（土地占

第2章　都市計画法の最前線　45

用プラン）違反による許可の取消後に建物の取壊し判決を下すならば，違反の存在とそれによって引き起こされた直接の損害に関する審査であるから，移送に先立つプロセスであるとして，Vergriète 判例に厳密に従った[68]。

(e) 民事裁判官の対抗策③——異常な近隣妨害

　破毀院第3民事部1994年6月20日判決は，異常な近隣妨害に基づく訴えにはL.480-13条が適用されないと判示した。本件は，建築許可を得た後に私人が納屋の土台を高くしたため，隣人が異常な近隣妨害を主張して建物の取壊しを求めたものである。アミアン控訴院は行政裁判官の面前で建築許可が争われたことのないことを理由に第三者（＝隣人）側を却下したが，同控訴院判決は破毀院による検閲によって削除（censurer）された。

　なお，本件は，建築許可を得た後に建設が始まった建物が，アミアン控訴院判決が下された当日に，5年以上かかって完成したという事例であり，不法行為的要素が強く見られる点に留意されたい。

　L.480-13条は異常な近隣妨害に基づく訴えには適用されないという，この適用制限は，都市計画訴訟に非常に大きな影響を与える。近隣妨害に関する一般的な損害賠償制度である，異常な近隣妨害についての責任に関する法務官的制度がほぼすべての近隣妨害に対応できるので，私法と張り合う責任制度のニーズは追い払われてしまうからである。隣人は，都市計画地役の無知ではなく，異常な近隣妨害に基づいて，建物の取壊しを求めることになるだろう。コミューンの法規範違反に基づく訴えによると，隣人には，迷惑な建物の取壊しの機会はほとんどない。その代わりに彼は，地方行政裁判所の判断を待つことを強いられないし，迅速な損害賠償を期待できるし，L.480-13条の短縮された時効を免れることになる[69]。

■ 日本への示唆

　L.480-13条に伴う先決問題をめぐるフランスでの議論は，都市計画に関連して権利を侵害された第三者を救済するという方向性を示唆する。もっとも，被害者救済のために行政裁判機関の判断をいわば無視するかたちとなる同条の適用制限については，慎重な判断が必要である。例えば，民事裁判官の対抗策②は，重大明白基準のような他の法理に引きずられていると考えられなくもない。二元的裁判所制度を採用しない日本においても，行政機関の判断をどこまで尊重するのかについては空港訴訟や原発訴訟でたびたび争われるところであり，フランスでの議論も参考になるだろう。

　また，都市計画訴訟という観点からは，日本の都市計画区域内等で建築が行われる場合に必要とされる建築確認をめぐる問題，あるいは建築基準法上の違反建築物の是正措置命令と近隣住民による民事訴訟（不法行為訴訟）の関係などを考える上で，フランスでの議論が役に立つだろう。

〔註〕
1）　フランス都市計画法の基本構造の詳細については，亘理格「フランス都市計画・国土整備法における『違法性の抗弁』論──『違法性の承継』論との関係で」『行政法研究』8号（2015年）24〜26頁参照。
2）　最近では，来日時の2014年10月14日と15日に，国際比較環境法センター（仏リモージュ）／リモージュ大学環境法・土地利用・都市開発学際研究センター／早稲田大学東日本大震災復興支援法務プロジェクト主催の国際シンポジウム「原発災害と人権─法学と医学の協働」で，講演「原発災害と人権に関する提言（案）」および「人権の観点から見た破局的な原子力事故後の管理」を行った。須網隆夫＝大坂恵里「国際シンポジウム：原発災害と人権──法学と医学の協働」『比較法学』49巻2号（2015年）235頁以下。
3）　フランスの地域自然公園と国立公園の詳細は，久末弥生『フランス公園法の系譜（OMUPブックレットNo.42）』（大阪公立大学共同出版会，2013年）22〜31頁参照。
4）　民事訴訟としての都市計画訴訟のように，例外はある。本章3参照。

5） フランスにおけるソーシャル・ミックスの状況については，寺尾仁「フランスにおける都市再生政策の論理の対抗——ソーシャル・ミックスの実現を中心に」原田純孝・大村謙二郎編『現代都市法の新展開——持続可能な都市発展と住民参加　ドイツ・フランス（東京大学社会科学研究所研究シリーズNo.16）』（東京大学社会科学研究所，2004年）131頁以下参照。

6） 早川美也子「フランスにおけるGMO栽培規制（1996年–2008年）の政治過程——食品安全問題と環境問題のイシュー・リンケージ」『上智法学論集』52巻4号（2009年）152頁。

7） 批准自体は，国民投票で否決された。

8） オーフス条約の概要については，オーフスネット／大阪大学グリーンアクセスプロジェクト共同作成パンフレット「オーフス条約を日本でも実現しよう——環境に関する情報公開，市民参画，司法アクセスを求めて」（2015年11月改訂版）が分かりやすい。http://www.aarhusjapan.org/aarhusconvention151101.pdf（最終閲覧日2016年1月27日）。オーフス条約を含むグリーンアクセスをめぐる最近の国際的な動向については，「特集：グリーンアクセスの実効的保障をめざして」『行政法研究』5号（2014年）1頁以下が詳しい。

9） ユロは，2007年大統領選では敗退した。

10） 地球連合は，2006年の設立から6年後の2012年に解散した。

11） フランスのGMO法制に対する環境グルネルの影響については，久末弥生「フランスの遺伝子組換え生物（GMO）法制——フランスにおける共存に関する法制度的枠組みの動向」『明治学院大学法科大学院ローレビュー』12号（2010年）65～67頁参照。

12） 2014年4月3日講演会での筆者の質問に対するプリュール教授の回答より。

13） グルネル法による一貫性の拡大・強化の具体例については，内海麻利「フランスの都市計画ローカルプラン（PLU）の実態と日本への示唆」『土地総合研究』2015年冬号83～84頁参照。

14） 本章1「住宅のための統合手続」のC.urb L.300-6-1条も参照。

15） 「L.2212-2条5号の規定する自然災害のような，重大なあるいは差し迫った危険が存在する場合には，市町村長は状況に応じて必要とされる措置を執ることを命ずることとする」と規定する同条（L.2212-4条）と，「火災，水害，破堤，地崩れ，岩の崩落，雪崩その他すべての自然災害，伝染病，獣疫などの事故や災害及びあらゆる種類の汚染を適切予防によって予防し，その収束のために必要な救助を提供する配慮」を市町村町の権限として規定するL.2212-2条5号が直接扱われた近年のコンセイユ・デタ判例として，Crégols判決がある。府川繭子「フランスにおける国賠法上の「フォート」と取消違法——Crégols判決を通じて」第50回早稲田行政法研究会報告（2016年1月9日）。

16） 本章1「住宅のための統合手続」参照。

17） 建物や公共施設などの設置を目的として，土地を開発整備する区域をいう。司法研修所編『フランスにおける行政裁判制度の研究』（法曹会，1998年）87頁。

18) 日本の開発許可に相当する。亘理・前掲注1）25頁。

19) 取消訴訟（contentieux de l'annulation）の中心をなす，行政訴訟の1つである。行政の行為（acte）ないし決定（décision）の取消しを求める訴訟。

20) 司法研修所編・前掲注17）198頁。

21) 例えば，建築禁止が都市計画地役の典型である。なお，都市計画地役の設定内で，土地の所有者による都市計画の部分的取消請求が認められる場合がある。伊藤洋一『フランス行政訴訟の研究——取消判決の対世効』（東京大学出版会，1993年）232頁。

22) François-Charles Bernard, Guide des contentieux de l'urbanisme 2014, Lexis Nexis (2013), p.293.

23) Dominique Moreno, Le juge judiciaire et le droit de l'urbanisme, Librairie générale de droit et de jurisprudence (1991), p.75.

24) Henri Jacquot et François Priet, Droit de l'urbanisme, 6ᵉ édition, Dalloz (2008), pp.947-948. 他に，建設・住居法典（Code de la construction et de l'habitation）における建築者の定義にならい，建築家（architectes）および仕事の注文者（maître d'œuvre）とする見解もある。Hélène Cloëz, Leçons de Droit de l'urbanisme, Ellipses (2012), p.303.

25) 司法研修所編・前掲注17）139〜140頁。

26) Jacquot et Priet, supra n.24 p.947.

27) Moreno, supra n.23 p.76.

28) Jacquot et Priet, supra n.24 p.947.

29) Id.

30) 司法研修所編『フランスにおける民事訴訟の運営』（法曹会，1993年）1〜2頁。

31) 司法研修所編・前掲注17）137頁。

32) Jacquot et Priet, supra n.24 p.919.

33) コンセイユ・デタの意思決定機関であるコンセイユ・デタ総会の全員総会において，権限裁判所の人員が選ばれる。選出の基準は年功序列であり，行政部部長あるいは争訟部長といったキャリアを積んだ評定官を候補者に，選挙を行う。2015年4月1日修正により，破毀院およびコンセイユ・デタの構成員から各4名の代表者によって構成されていた従来の権限裁判所が各6名の代表者に増員された一方で，判断が拮抗した場合における司法大臣の介入が行われないことになったが，パリテ（parité, 同等）は維持されている。コンセイユ・デタ評定官フレス（Régis Fresse）による2015年12月21日の講演「コンセイユ・デタの組織と役割——フランス高級官僚の人材養成」（植野妙実子教授／中央大学大学院公共政策研究科主宰）より。

34) 積極的権限争議および消極的権限争議の詳細については，司法研修所編・前掲注17）144〜146頁参照。

35) 「本案の裁判の抵触」と和訳されることもある。例えば，司法研修所編・前掲注17）147〜148頁。

36） 例えば，都市計画に関して民事裁判官と刑事裁判官の判決間に矛盾があると
いった，司法裁判官による複数の確定判決の矛盾を意味する。

37） Moreno, supra n.23 p.76.

38） 司法研修所編・前掲注17） 262〜263頁。

39） Moreno, supra n.23 p.76.

40） Hugues Périnet-Marquet, Les méandres du contentieux civil de l'urbanisme,
Les Petites Affiches 17 juillet 1996, n° 86, p.46.

41） フランスでは，"ピンポン（ping-pong, 卓球）"に例えられることが多い。

42） Fanny Chenot, Le juge civil et la violation des servitudes d'urbanisme,
Gazette du Palais 1er 3 juillet 2001, p.1082.

43） 不動産の平穏な占有および保持という法的事実の保護を目的とする裁判上の
訴え。

44） Philippe Ch.-A. Guillot et Henri-Michel Darnanville, Droit de l'urbanisme, 3e
édition révisée et mise à jour, Ellipses（2012）, p.179.

45） Jacquot et Priet, supra n.24 pp.947-948.

46） Moreno, supra n.23 p.77; Périnet-Marquet, supra n.40 p.47; Chenot, supra n.42
p.1083.

47） Périnet-Marquet, supra n.40 pp.46-47.

48） Chenot, supra n.42 p.1083.

49） Moreno, supra n.23 p.77; Périnet-Marquet, supra n.40 p.47.

50） Chenot, supra n.42 p.1083; Moreno, supra n.23 p.77.

51） Chenot, supra n.42 p.1083; Périnet-Marquet, supra n.40 p.47.

52） Jacquot et Priet, supra n.24 p.947; Périnet-Marquet, supra n.40 p.47.

53） Bernard, supra n.22 p.295-297.

54） Chenot, supra n.42 p.1083.

55） Périnet-Marquet, supra n.40 p.47.

56） Chenot, supra n.42 p.1083.

57） Moreno, supra n.23 p.77.

58） Chenot, supra n.42 p.1083.

59） Moreno, supra n.23 p.76.

60） Chenot, supra n.42 p.1083.

61） 法律が憲法の規定に従って成立したことを認証し，それに執行力を付与する
国家元首の行為。山口俊夫編『フランス法辞典』（東京大学出版会，2002年）465頁。

62） Moreno, supra n.23 p.78; Chenot, supra n.42 p.1083.

63） 土地所有者の建築の自由に対する一連の制限を内容とする法定地役。公道に
対する建築線を超える建築や，その他の新築・増築の禁止など。老朽による家
屋の倒壊の場合には，その土地は裸の土地の価格に相当する補償金によって公
道に合体されうるものとされるため，現存建物の補強工事も禁止されるといっ
た内容が含まれる。山口編・前掲注61） 552頁。

50　第Ⅰ部　現代の都市計画法

64) Moreno, supra n.23 p.78.

65) Chenot, supra n.42 pp.1083-1084.

66) 法務官と呼ばれたローマの政務官の広範な権限にならい，その考え方が，既存の立法規範あるいは行政立法規範ではなく，裁判官が多かれ少なかれ自ら大胆に引き出した規範の適用に基づく判例を，法務官的判例（prétorienne jurisprudence）という。法務官的判例には，判例法を作り出す力がある。中村紘一＝新倉修＝今関源成監訳『フランス法律用語辞典〔第3版〕』（三省堂，2012年）334頁。

67) Moreno, supra n.23 p.79.

68) Id.

69) Chenot, supra n.42 p.1084.

〔参考文献〕

本文中のほか，

Gwendoline Paul, Le Grenelle de l'environnement, Gualino（2011）

Jessica Makowiak, Urbanisme, risques naturels et responsabilités, 大学院配布資料（2014年）

Jean-Marc Lavieille, Julien Bétaille et Michel Prieur, Les catastrophes écologiques et le droit: échecs du droit, appels au droit, Bruylant（2012）

Michel Prieur, Du Grenelle de l'environnement à la loi du 12 juillet 2010 portant engagement national pour l'environnement, Revue Juridique de l'Environnement, numéro spécial（2010）p.7

内海麻利「フランスの都市計画法の特徴と計画制度の動態」『土地総合研究』2014年春号87頁

服部麻理子「フランスの建築許可制度にみる裁量統制のあり方」『一橋法学』10巻3号（2011年）285頁

第Ⅱ部　都市計画法の源流

第3章

都市計画の黎明期（18世紀～19世紀）

1 「持続可能な都市」の起源——18世紀

　元来，公共空間とは自然の場であり，公共空間は自然環境の中に組み込まれていた。しかし，16世紀から17世紀にかけて，こうした公共空間モデルは少しずつ変化した。イタリアから始まったルネサンス（Renaissance）が全ヨーロッパに波及したこの時代，建築物は徐々に似通ったものになっていった。フランスでは，パリのパレロワイヤル（Palais Royal）や都市組織に基づく庭園（jardin）などが，イタリアルネサンスの影響を実際に受けた好例である。宮殿と大きな庭園は，屋内でありながら公共空間となった。

　他方，キリスト教的な価値観に立脚した中世の旧市街（cité）が崩壊した14世紀から15世紀にかけては，商人や商売技術が生まれた。この時代の商人が，現代の資本家の元祖である。18世紀までが「道具の時代」であるのに対して，産業革命以後，人は新たに「文明の時代」に入ったと言われる。文明の時代はまた，機械の時代であり，商人の時代でもある。つまり産業革命は，生産と富こそが権力行使の方法であり，商売から生まれたブルジョワという新たな階級が過去500年間にゆっくり成熟した好戦的で知的な貴族政治に取って代わるという，社会形態をもたらした。[1)]18世紀が持続可能な都市の起源と位置づけられるのも，人口の急増を本質的な背景に，古いヨーロッパに革命をもたらすほど，都市の経済活動（主に手工業）が活発化したことに由来している。

55

このように，ルネサンス，プロテスタンティズム（protestantisme），
1789年のフランス革命を，都市計画の誕生前夜の3段階として捉える
のが一般的である。すなわち，ルネサンスがキリスト教的な旧市街に
終止符を打ち，プロテスタンティズムが仕事における収益性を最高の
美徳とする価値観を広め，フランス革命によってブルジョワは貴族階
級が握っていた権力を奪ったのである[2]。

2　都市計画の誕生――19世紀

　都市計画は，法学，歴史学，社会学，地理学，経済学など，複数の
学問分野と密接に関連する。21世紀の現代において，都市計画に関す
るキーワードは，「持続可能な都市（ville durable）」あるいは「都市化
（urbanisation）」などに集約されつつある。これらのキーワードが登場
した19世紀は言わば都市計画の誕生期であり，都市計画の成長期であ
る20世紀と共に，都市計画について考える際に特に重要な時代であ
る。つまり，19世紀における領土の変化，都市についての熟考あるい
は設計が，歴史的には都市計画の誕生（naissance d'urbanisme）を促
した。その影響はまず，同時代の建築物に及び，やがて人口の都市集中
現象をもたらした。20世紀に入ると，急激な近代化（modernisation）や
社会制度の変化（transformation）に反対して，土地の変革を追求する
都市イメージや将来的な都市モデルが論じられるようになり，持続可
能な都市という概念が普及したのである。

　19世紀および20世紀の欧米における都市計画の潮流を把握すること
は，日本の現行法を含む現代の都市計画法制のルーツを理解すること
につながる。この時期の都市計画の動きについては，次の3点への着
眼が重要である。

① 歴史社会学的背景からの，都市計画や都市環境の要因。例えば，
　人工自然都市，自然空間，屋外を作り上げる自然環境など（特に，

56　第Ⅱ部　都市計画法の源流

19世紀の都市について)。

② 20世紀の建築物および都市計画において，自然あるいは生態環境（エコロジー）が都市の中にどのように組み込まれたのか。つまり，都市生態学 (écologie urbaine) の観点。

③ 持続可能な都市をめぐる他の問題。

都市は初めのうちは，市民権，文明化あるいは社会的組織を象徴するものだった。19世紀まで，社会的な各レベルは都市によって特色づけられたのである。例えば，イギリスの都市は文明化との関連が密接で政治と市民が重視されるが，ローマカトリックの都市はむしろ逆である。後者においては，異なる人種の統合つまり植民地体制による，外部とつながった都市が志向される。そのような都市は非常に西洋的であると共に，都市の変化が急激で大きい。ローマカトリックの都市において，重要な役割を果たすのは経済活動のための空間だった[3]。

ヨーロッパには西洋的なローマカトリックの都市が数多く建設されたが，これらの都市は次のような共通の問題を抱えていた。河川下流の住民グループ，飲み水の循環，極端に狭い道，明かりの問題である。19世紀になると都市の人口は爆発的に増え，現実的で，民主主義に関わる，しかも感情的な新たな問題として，住宅問題が現れた。この時代の大都市の状態は非常に辛く，極めて不安定だった。例えば，安全な飲み水を手に入れる方法は皆無だし，排泄物の処理やトイレの設置といった生活環境も整っておらず，非常に不衛生なためコレラなどの伝染病が蔓延した。また，産業発展に適合しうる産業都市 (ville industrielle) において，生活はマイナスの影響を受けて変化し，児童労働や長時間労働など労働環境は劣悪だった[4]。このように，公衆衛生状態がますます深刻になってきたのが，19世紀だったのである。こうした状況を背景に，公営事業が進歩し，排泄物の処理などあらゆる業務を請け負うネットワークが発達した。都市は再編，統合されていっ

た。都市において特に重要な 3 要素は，水，大気，日光だった。飲み水の区別と循環が管理されるようになった一方で，産業発展に伴う煙によって大気の質は悪化した。後者について，産業に伴うリスクを避けるため，産業地帯の位置決定に関する法律ができるのは，20世紀に入ってからのことだった。産業都市の日光の差さない住宅での生活は，対照的な緑地 (espace vert) つまり公園 (parc) を必要とした。1860年代になると，住宅街とは別に，公園地帯が作られるようになった。

パリもまた，19世紀初めまでは他の産業都市と同様に深刻な状況だったが，同世紀末になるとパリの新たな建築物から文化が生まれるようになる。持続性 (durable) がひどく欠けていた19世紀のパリは，循環が必要だった。多種多様な外国人たちを飲み込みながら，制限はありつつも循環するパリは，20世紀に入ると逆に，持続可能な都市のモデルとなった。しかし，都市環境への配慮は，依然として欠けていたのである。

住宅問題が深刻化したこの時期，政界の権威でもあったフランス人社会学者のル・プレイ (Frédéric Le Play, 1806-1882) は，「社会問題のコレクション (Musée social)」「都市衛生学の断面 (Section d'hygiène urbaine)」などの論文において，どのような住宅が生活の質 (qualité de la vie) を改善するのかについて論じた。彼によると，住宅問題は質と量の問題だが，都市の人口増を考慮すると住宅の量を確保することは不可能である。そこで，都市に近接した周辺地帯を活用すべきである。都市の周辺地帯に住宅街を移転する，つまり郊外住宅を推進しようというのが，ル・プレイの提案だった。こうした提案は後に，社会空間の分離 (ségrégation socio-spatialité) すなわちゾーニングの議論へとつながっていく。

19世紀は，都市計画に関する大きなビジョンが誕生した時代だった。それを支えたのは，同時代に登場した壮大なユートピア思想であ

る。

〔註〕

1） Michel Ragon, Histoire de l'architecture et de l'urbanisme modernes: 1. Idéologies et pionniers 1800-1910, Casterman (1986), p.21.

2） Id.

3） もっとも，19世紀の都市計画の誕生期において，イギリスとフランスの政府は類似する。どちらも，社会学者が都市計画を牽引し，公営事業を課題とした。

4） 本章の資料参照。

資料 『19世紀のリモージュ焼：職人仕事と工場との間で(LA PORCELAINE DE LIMOGES AU XIXe SIECLE: ENTRE ARTISANAT ET INDUSTRIE)』抜粋翻訳

Ⅰ　はじめに

　リモージュ焼は，フランスを代表する高級磁器である。19世紀後半，リモージュは産業都市として全盛期にあった。リモージュ焼が黄金時代を迎える陰で，磁器産業を支える人々の労働環境は過酷なものだった。こうした状況は，フランスにおいて社会法（労働法，社会保障法など）の整備を促すことにつながった。

　アドリアン・デュブーシェ国立磁器美術館(Musée national de la porcelaine Adrien Dubouché)の文化課(service culturel)が2004年に教育用資料(dossier pédagogique)として発表した『19世紀のリモージュ焼：職人仕事と工場との間で[1]』からは，磁器産業に沸く当時のリモージュに生きる人々の様子が鮮やかに伝わってくる。本章では，全49頁の資料のうち，社会法の整備に関連する部分について，抜粋翻訳として紹介したい。

Ⅱ　翻　訳

1　磁器産業のオーナーたちと労働者たち（資料7～12頁）

　●労働者たち

　労働者たちの仕事と生活環境は，19世紀を通じて変化を経験した。

　19世紀において磁器産業はリムーザン地方のトップ産業であり，同産業はその地方に不可欠な労働者たちを雇い入れた。このように，1840～1850年には5000人以上の労働者たちが磁器工場で働き，1897年

60　第Ⅱ部　都市計画法の源流

には1万1650人になった。

● 異なる部門の労働者たちと賃金

磁器製造に関係する会社では，大きく3部門の労働者たちが働いていた。

カオリン鉱床の男女の労働者たちは，約1000人だった。その作業所は，田園地帯にあった。その仕事は何よりもまず，適任者がほとんどいないほど，身体的な持久力を要求した。賃金は乏しかった（19世紀末には，男性で日給1.5〜2フラン，女性で1フラン以下，子どもで0.5フラン）。1900年に24か所あった素地の製粉所は，約1000人の労働者たちを雇っていた。彼らの日当は，2〜3フランの間だった。

最も多かった工場労働者たちは，非常に異なる仕事を行い，非常に多様な報酬を受け取っていた。フランソワ・アリュオー（François Alluaud, 1778-1866）自身の工場の1855年の調査では，10以上の部門が存在した。オブジェの創作や装飾に多かれ少なかれ関与する資格のある磁器労働者たちは，区別されなければならない。

最も資格が必要な仕事は，装飾に関連するものだった。絵付工，粉末工，転写工，研磨工たちは，長期の見習い養成を受けた。彼らはエリート労働者となり，自分たちの職業的価値を自覚していた。それに対して，ほとんど資格を持たない多くの労働者たちは，特別な知識を持たない作業員の群れとなったが，大抵の場合は田舎から最近移住してきたばかりの者だった。事実，カゼット（casette, 焼成品を直火から守る耐火容器）工，はめ込み工，窯入れ工，ボイラーマン，研磨工など，非常に骨の折れる職人仕事を伴う焼成に関する仕事には，多くの作業員が必要だった。仕上げ加工は，ろくろ工，成形工，絵具工といった，より資格のある労働者たちによって行われた。

職人仕事の賃金は，求められる資格，性別，年齢，製造所，期間によって異なる。1900年頃の磁器労働者たちの平均賃金は，男性で4.75

フラン，女性で2.20フランだった。最も賃金の低い作業員たちが日当3フランである一方，最高賃金の8フランを受け取る者たちもいた。

　全体的に見て女性の賃金は，同じ仕事の男性の半分以下だった。労働者たちは，より資格のいらない反復的な職人仕事に従事した。例えば，サン・イリュー（Saint-Yriex）採石場では，彼らはカオリンを頭に乗せて運んだ。優美な装飾技術がプリント技法によって簡略化されると，装飾家という職人仕事に大勢の女性が従事するようになった。そこには依然，ためらいがあった。19世紀末，アトリエ（atelier, 作業場）には絵付を行う多くの女性がいたが，その仕事が非常に機械化され非常に価値を下げたことを，当時の彼女たちはよく分かっていた。

　アラン・コルバン（Alain Corbin, 1936-）は，自分たちのリズムで仕事をする小さなアトリエの存在，作品に対して支払われるという手間仕事の重要性，自分たち自身で助手を選ぶという労働者の自主独立によって特徴づけられる，磁器製造人の半職人仕事の性質を力説した。つまり，磁器労働者たちの店には，作業の不均質性や厳しい階級化によって強められた，仕事の相対的個性化が存在した。この個性化は，技術的な能力の差を示すと同時に，コルバンが「軽蔑の連続（cascade du mépris）」と呼ぶものを維持する，非常に幅広い賃金によって助長された。確かに，自分を芸術家と考える装飾家と，僅かな報酬のために辛い仕事をする被用者の間に，共通点は何も無かった。相変わらずの職人仕事という性質が，工場に大勢の労働者を集中させるために小さなアトリエが姿を消す19世紀末になるまで，厳しい規律を命じる行政立法（règlements）が採択されなかった原因である。

- 労働時間

それは，国の法律で定められていた。

1848年の法定労働時間は，1日12時間だった。1900年3月30日法が，1日の法定労働時間を10時間に定めた。同法は，日曜日を週休と認め

た。それにもかかわらず，特に窯仕事に従事する労働者たちは同法の適用を除外された。焼成が間断なく行われたからである。したがって，1900年に窯で働く男たちに求められる平均労働時間は週におよそ65時間，そのうち24時間が夜勤だった。

- 児童労働

　1841年法 (la loi de 1841) は，児童労働を規制する。同法は8歳未満の児童労働を禁止し，8歳以上12歳未満の児童労働時間を1日8時間まで，12歳以上16歳未満については12時間までと定めた。1841年法は，リムーザン地方では尊重されなかった。というのも，1846年に視察官が，8歳以上12歳未満の子どもと12歳以上16歳未満の子どもの仕事が同じであると指摘したからである。他の社会法 (lois sociales) も，全くうまく適用されなかった。そこで1851年2月22日法 (Loi du 22 février 1851) は，見習いを規制した。14歳未満の子どもはもう1日10時間しか働けないし，14歳以上16歳未満の子どもが12時間までである。同法はまた，夜間・日曜・祝日の仕事に16歳未満の子どもを雇うのを禁止した。1874年法 (Loi de 1874) は10歳未満の児童労働を禁止し，10歳以上14歳未満の児童労働時間を6時間に制限した。夜勤は禁止され続けた。これらの法がリモージュでは，非常に不十分にしか，あるいは全く適用されなかった。

　一般的な流儀として（よそと同じく）磁器産業の中で，子どもはひどく扱われた。子どもが，助手となる労働者に区分されたからである。助手はしばしば，絶え間ない労働を求められた：磁器のろくろを動かし回転させるための素地を打つのは子どもたちだった。実際，子どもは大人と同じ時間働いた。古い写真は，資格のある労働者のそばにいる幼い助手の存在を示す。ひどく扱われたのは，サン・イリューにあるカオリンの採石場で働く子どもたちも同じだった。彼らは採石場の深さ10～15メートル底まで降り，土でいっぱいの小さな木箱を頭に乗

せて運んだ。

　子どもの境遇が変わるには，1881～1882年のジュール・フェリー（Jules Ferry, 1832-1893）による一連の学校教育法（lois scolaires）の制定を待たなければならなかった。12歳までの義務教育は，その年齢前の児童労働を事実上禁止した。1892年11月2日法（Loi du 2 novembre 1892）は，13歳以上または当事者が学校教育証明書をすでに得ていれば12歳の児童労働を認めた。この立法のおかげで，世界の子どもたちの境遇は，特に1880年代以降に改善された。

- 磁器労働者たちの生活環境

―衛生状態

　多くの工場は，不衛生だった。というのもそれらは大抵，工場になることを想定されていなかった古い建物を再利用し簡単に改造して導入されたからである。重大な問題は，工場の換気が不十分なことだった。磁器のアトリエでは，大気中に白い粉が常に浮遊していた。結核によって引き起こされる健康被害の責任の一端は，工場にあった。1887～1897年の間に実施された公衆衛生管理委員会（Conseils d'hygiène publique et de salubrité）による審議の結果，1900年に出された統計表が，その点について多くを物語っていた。それは，リモージュのすべての職業の人々が病気にかかるかどうかを示すものだが（例えば靴屋や仕立屋），ある部門の磁器労働者たちは他の者たちよりも重い税を払った。ぼろ（grain，焼成中に匣鉢の上部から器物の上に落ちた粘土）の研磨工は80％以上が結核で死亡し，平均死亡年齢はたったの38歳だった。報告書の著者は，焼成の間に磁器に生じる黒い斑点を消すために使われるろくろから出る粉末を非難した。しかし彼は，他の説明を付け加えた。その仕事が長期の見習いを必要とするので，若いうちから初期症状にあることに，彼は言及した。「例えば最低15歳からその仕事をしてきたならば23年間その仕事をすることになるというように，ぼろの

研磨工が38歳で死ぬことは前もってほとんど知られていない」。これに対して，粉末があまり存在しないアトリエで働く女性絵付工の死亡率が高いことを説明するのは，もっと難しい。われわれはおそらく，著者が力説するように，アトリエ内にはびこる不衛生と使用禁止にすべき痰壺を非難できるだろう。

　脊柱側湾症，リウマチ，結膜炎といった他のいくつかの病気も，磁器産業の男女の労働者たちに広がった。磁器労働者たちは特に，珪肺症に襲われた。(シリカ含有量が高い) 磁器粉末の吸入に関連したこの病気は特に，多くの金メッキ工，ぽろの使用者，窯入れ工を苦しめた。粉末工のような労働者たち (つまり，装飾のアトリエで，白い磁器に後からまた着色される多彩な印象の絵具を手でまぶすことを担当する労働者たち) は，鉛中毒で苦しんだ。確かに，粉末の絵具は鉛のホウケイ酸を含み，労働者たちは鉛中毒の原因である絵具の粉末を吸っていた。1895年の公衆衛生委員会の報告書は，労働者たちが「腎臓や脳の変質による強烈な内臓の痛みと，それらが引き起こす部分的な痙攣や麻痺」に苦しんでいるとし，「健康を回復したいならば，儲かるけれどもあまりに危険なその職を捨てなければならない」と注意を促した (1883年リムーザン年鑑)。それらの害毒には，すべての職業で見られ磁器に関する職業もそこに含まれていた，アルコール中毒を付け加えなければならない。

―住　　宅

　リモージュには，19世紀末の北フランスや東フランスで見られた労働者用共同住宅地に匹敵するような労働者地区がなかった。リモージュ唯一の労働者用共同住宅地は，モンジョビ (Montjovis) 地区に1909年に建設されたものだった。磁器労働者たちは，リモージュの町外れの狭い道にある陰気な家に住んだ。ポール・デュコーシュー (Paul Ducourtieux, 1846-1925) は，次のように描写した。「大抵は，ものすご

い高さの木造の家で，暗くて悪臭のする路地の道幅と釣り合っていない。細い階段はごみで満たされ，むき出しか古い紙で覆われた壁で，換気の悪い家だった」(ポール・デュコーシュー，1925年)。ジュール・テクシエ (Jules Texier) は「労働者住宅 (Logements ouvriers)」という題の記事の中で，悲惨主義 (misérabilisme) をエスカレートさせながら描写した。「家族たちは，岩をくりぬいて作った住まいよりずっと劣悪な，掘っ立て小屋のようなウサギ小屋の中でひしめいている。ひどい悪臭を放つごみの山，母親と 5 ～ 6 人の子どもたちに占拠された粗末で汚れたベッド，あるいは残りの家族が足元で寝る，複数の病人が横たわる唯一のベッドで場所をふさがれた家である」。

―読み書き教育

リムーザン地方では，人々の教養レベルは低かった。1848年には，同地方の住民の74.4％，田舎の人口の90％は読み書きできなかった。1901年にも依然として，オート・ヴィエンヌ県 (Haute-Vienne，リムーザン地方の県。県庁所在地はリモージュ) は，読み書き教育に関してフランス全土で下から 2 番目だった。こうした状況において，読み書きできない磁器労働者たちのパーセンテージはささいなことだった。1848年には30.4％しかなかったし，この数字は19世紀末まで変わらなかった。1881～1882年の学校教育法がおそらく，読み書きできない人々の総数を下げたが，1883年にはまだ30％だった。20世紀初めには，多くの若者たちや子どもたちが読むことも書くことも知らなかった。磁器労働者たちの間では，作業員たちがしばしば読み書きできないとしても，絵付工たちはそうではなかった。絵付工たちは真のエリート労働者で，発達した初等教育を受けていた。最後に，多くの労働者たちが方言を話した。

● 磁器労働者たちと労働組合運動

最初の組合 (syndicat) の登場前，19世紀初めの結社活動の重要性お

よび多様性を指摘することができる。1821年に磁器労働者たちは，最初の共済組合（société de secours mutuel）を設立した。それは「芸術家（artistes）」つまりより資格のある労働者である，装飾の専門家たちによるものだった。1848年には，製造協同組合（coopératives de production）が生まれた。これらは，1844年にクルーズ県のブサックに印刷所を設立したルルー（Pierre Leroux, 1797-1871）によって地方で引き継がれた，フーリエ（Charles Fourier, 1772-1837）の思想から着想されたものだった。協同組合のうち最も長く続いた1つが，全員が磁器に関する職業に属する約40人の労働者たちによって1850年に設立された，「アソシアシオン（Association, 組合）」になった。各々が，活動費100フランを出資しなければならなかった。3～4年後に「組合員たちの競争心と無私無欲のおかげで」，この協同組合は良質の磁器を製造し，大きな利益を得た。アソシアシオンを援助するために，ダンジェ（David d'Angers, 1788-1856）は自らの彫刻作品「共和制（La République）」の原型を寄贈した。けれどもこの協同組合は，労働者賃金に関して困難な状況にぶつかり，不和の結果，1869年に消滅した。同年代には別の製造協同組合が生まれたが，1865年に消滅した。結社活動は，19世紀においてとても重要な空想的社会主義（socialisme utopique）の普及に含まれる。

　最初の大規模なストライキは，ストライキ法が認められた1864年に，磁器商の店で起こった。それは，「割れ（fente）」のストライキと呼ばれるものだった。磁器商の店主たちが，焼成の粗悪な作品の割れのせいである赤字部分を店員たちの賃金から差し引いたので，ストライキは引き起こされた。

　1868年には，リモージュの代表者5人が第4回バーゼル国際会議に出席した。

　最初の労働組合は，1870年に設立された。それは「イニシアティブ

（L'Initiative）」という名前で，磁器労働者たちを1つにまとめた。だがパリ・コミューンの失敗は，労働者運動の後退をもたらした。回復し始めるには，1890年まで待たなければならなかった。組合設立の許可は，1884年にさかのぼる。しかし，インターナショナル（Internationale, 国際労働者同盟：Association internationale des travailleurs）に加盟するリモージュ労働組合連盟（Fédération des syndicats ouvriers de Limoges）が設立されたのは1893年のことだった。その時から，組合員数は増えていった。1891年には470人しかいなかった組合員数は，1894年には2300人になった。それにもかかわらず，リモージュでは，労働組合運動はどちらかと言えば穏やかだった。1895年にはまた，リモージュが，職業連盟と労働組合会館ユニオンによる第7回労働組合会議の本部に選ばれた。9月27日に同会議は，労働総組合（Confédération générale du travail: CGT）という名前の統一組織の誕生を決定した。その日から，リモージュでの労働組合運動の飛躍が始まった。1894年に2300人だった組合員数は，1900年に3000人，1902年に4130人，1905年には6000人になった。この発展は，女性の加入に起因した。例えば，1905年に彼女たちは，磁器労働組合「イニシアティブ」の組合員数の42％に相当した。1900年のリモージュの労働者運動のリーダーたちは磁器工場の出身で，彼らはマルクス主義の主張とりわけ階級闘争を自分たちのものとして取り入れた。

　1896年を通じて，リモージュでは労働組合会館が開館した。図書室，パーティ，特に磁器に関する職業のための研修など，さまざまな活動が労働者たちに提案された。それはまた，失業者たちへの救援物資の配布にも携わったし，職業紹介所を持っていた。

　労働組合運動の飛躍は，1895～1896年およびとりわけ1902～1905年の間に，数多くのストライキを伴った。1905年のストライキは最も激しく，最も深刻なものとなった。死者が1人，出たからである。フラ

ンスや外国の新聞がリモージュのストライキ紛争をスキャンダルとして報じたので，リモージュは「左翼の都市 (ville rouge)」と評判になった。ペルーア (Louis Pérouas, 1923-2011) は『リモージュ史 (Histoire de Limoges)』の中で，次のように章を締め括る。「歴史家には少し非現実的に思われる，その闘争が重要なのは，リモージュの歴史の1つの時代である，われわれに近い時期の終わりを見てショックを受けた後，われわれが磁器に関する過程と労働者の闘争心の衰えを呼び起こすことができるからである」(『リモージュ史』252頁)。

2 フランスの社会法 (資料42頁)

- 1841年……児童労働に関する児童保護のためのギゾー法 (loi Guizot)。同法は，20人以上の労働者を雇う工場において，男女両方の児童労働を規制した。8歳未満の児童を雇ってはならなかった。8歳以上12歳未満の労働時間は，1日12時間を超えてはならなかった。13歳までは，夜勤を禁止された。同法は適用除外を認めたので，適用状況が非常に悪かった。

- 1848年……3月2日法 (Loi du 2 mars)。工場および製作所のすべての労働者について，法定労働時間を1日12時間と定めた。1848年6月以降，同法はもはや適用されなかった。

- 1852年……共済組合に関するデクレ (décret sur les sociétés de secours mutuel)。

- 1864年……連合およびストライキに関するエミール・オリヴィエ法 (loi Emile Ollivier sur le droit de coalition et de grève)。

- 1874年……女性および子どもの労働時間に関する法 (loi sur la durée du travail des femmes et des enfants)。同法は，日曜・祝日の児童労働を禁止した。同法により，県会 (Conseils Généraux) の所管する労働条件視察官 (inspecteurs du travail) が設置された。

- 1884年……組合に法的実在を付与するための，組合に関するヴァルデック・ルソー法 (loi Waldeck-Rousseau)。
- 1892年……女性および子どもの労働時間に関する法。下院と元老院との間の5年間の法律案の往復後に可決された同法は，工業のアトリエや鉱山での雇用年齢を13歳に引き上げた。同法は18歳未満の若者について，法定労働時間を1日10時間に制限した。同法は，18歳未満のすべての若者およびあらゆる年齢の女性の夜勤を禁止した。同法は，18歳未満のすべての子どもおよび女性に週休を拡大した。1874年に設置された労働条件視察官は，公務員となった。特に労働時間に関して，同法はうまく適用されなかった。
- 1900年……法定労働時間を1日10時間と定める，ミルラン法 (loi Millerand)。
- 1906年……日曜の休息を定める法。
- 1910年……労働者年金に関する法。
- 1919年……法定労働時間を1日8時間と定める法。

アドリアン・デュブーシェ国立磁器美術館

リモージュ焼の窯模型

〔註〕
1) 原文は，http://pelerins-compostelle.com/pdf/Limoges.pdf（最終閲覧日2016年1月27日）から参照できる。

第 4 章

ユートピアと都市計画（19世紀〜20世紀前半）

1 ユートピア論の展開

19世紀後半から20世紀初めは，全く新たな都市ビジョンが生まれた時期だった。空想的社会主義が広まり，ユートピア思想に基づく都市計画プロジェクトが次々に提唱されたこの時代，「ユルバニスト（urbaniste, 都市計画家）」は「ユートピスト（utopiste, 空想的社会主義者）」と同義に捉えられた。ユートピア都市の特徴は徹底的にグローバルな点だが，これはユートピア論の始祖であり「ユートピア（utopia, どこにも無い場所）」を造語したトマス・モア（Sir Thomas More, 1478-1535）による1516年発刊の著書『ユートピア（Utopia[1]）』に由来する。19世紀において，ユートピア都市は確実に，産業都市をリセットしていくことになる。

ユートピア論はさまざまな論者によって展開されたが，都市計画との関係ではフーリエ（Charles Fourier, 1772-1837）が主唱した「ファランステール（phalanstère, 協同組合社会）」概念が重要である[2]。また，厳密にはユートピストではないが，ハワード（Ebenezer Howard, 1850-1928）によって同時期に提唱された「田園都市（英 garden city；仏 cité-jardin）」概念も，後世に大きな影響を与えた[3]。前者は都市の中に人々を組み込み，彼らの役割を決め，緑地や自然の次元まで考察する点で，後者はユートピアのイメージ＝緑地とする点で，それぞれゾーニング概念の先駆けと言える。

72

2 ゾーニング，都市公園

　自然都市（ville nature），公共エリア（région publique）などの概念が重視された19世紀の都市イメージは，革命や社会主義者（socialiste）の影響を特徴に，一般的な人々の欲求を表現したものだった。そこで志向されるのは，従来型の都市とは特に空間状態において対照的な，「開かれた都市（ville ouverte）」である。このような開かれたかつ全く新しい都市は，自然環境を都市の内部，とりわけ都会（cité）の中にとどめるかたちで作り上げる点で根本的に新しいものだった。こうして19世紀末のヨーロッパでは，ゾーニングが活発に論じられるようになる。当時はさまざまなゾーニング論者が登場したが，個々の論者を特徴づける1つの分岐点は，ユートピア論に対するスタンスだった。19世紀末，都市計画についてユートピア論とは別のアプローチを行う彼らは，社会学者やユートピストとは一線を画した，文化主義者（culturaliste）と呼ばれる人たちだった。例えば，美術評論家としても知られるイギリス人のラスキン（John Ruskin, 1818-1900）は，産業都市を酷評するだけでなく，社会主義者やユートピストを批判した。彼が提唱したのは，産業発展に適合する都市とは逆の，有機組織的な都市すなわち理想的な持続可能な都市だった。

　オーストリア人のジッテ（Camillo Sitte, 1843-1903）はユルバニストだったが，ユートピストや社会主義者とは全く異なるゾーニング論を展開した。オスマン主義者でもあった彼は，パリ大改造にも大きな影響を与えた。ジッテが重視したのは，都市の美しさ（esthétique）と歴史だった。彼はしばしば，古代ギリシアの哲学者アリストテレスが都市について語った，次の格言を引用した。すなわち，「都市は，住民に安心と幸福を与えるように構築されなければならない」。ジッテの主な主張は，以下のようなものだった。

「都市の建設について……3つの主な条件がある。一列に整然と並ぶ

住宅ブロックという近代のシステムから解放されること，古くからある旧市街を可能なだけ守ること，そして今の創作物を古代の理想的なモデルに常により一層近づけることである。(de la construction des villes……trois conditions principales: nous délivrer du système moderne des pâtés de maisons régulièrement alignés; sauver, autant que possible, ce qui reste des cités anciennes; et rapprocher nos créations actuelles toujours davantage de l'idéal des modèles antiques.)[7]」

「特にノール県の都市においてそうだが，中世で認められていた一般原理を加味したことに起因する，広場の横に記念建造物を置くという古代の法規範に従うならば，記念建造物や噴水は循環の死場にまでなる。(à la règle antique qui dit de situer les monuments sur les côtés des places, vient s'ajouter le principe admis au Moyen-Age, surtout dans les villes du Nord, selon lequel les monuments et les fontaines s'élèvent aux points morts de la circulation.)[8]」

「近代都市において，一貫性のない計画は成功しない。なぜなら近代都市は，法規範を用いて，人工的に作り出されるからである。(Dans les villes modernes, les irrégularités de plans n'ont pas de succès, car elles sont créées artificiellement, à l'aide de la règle.)[9]」

「数世紀をかけて生み出されたその美しさを，われわれは紙上で本当に考え出せるのか。偽りの素朴，人工自然という考え方で，われわれは正真正銘の喜びを感じることができるのか。(Pour rait-on vraiment concevoir sur le papier ces beautés que plusieurs siècles ont produites? Pourrait-on, à la vue de cette naïveté mensongère, de ce naturel artificiel, éprouver une joie véritable et sincère?)[10]」

　ジッテによると，都市を特徴づけるのは歴史や文化であり，ある都市の態様を実際に理解するには通り（rue）を見るのがよい。また，飲み水の循環，公共空間，記念建造物などもすべて，文化的なものと言

える。これらは，コミュニケーションを促進し，屋外の空間を支援する。産業都市の対極にあるのは閉じた都市であり，都市の組織化が必要不可欠であるというのが，ジッテの主張だった。彼が提唱するのは，建築物，循環，遺産などの過去の歴史の結集としての都市，つまり，歴史や記念建造物が非常に重要な要素とされ，異なる者たちによって構成される文化的な共同社会 (communauté) から構成される，限られ，閉じられ，文化的な要素がすべて統合された，都市だった。ジッテは1890年代を中心に，都市計画に関する多くの仕事に携わった。

3　パリ大改造

　19世紀は，社会主義者やユートピストが非常に軍事的な政治秩序を作り上げた時期でもあった。ナポレオン 3 世 (Napoléon Ⅲ. 本名 Charles Louis Napoléon Bonaparte, 1808-1873) とオスマン (Georges-Eugène Haussmann, 1809-1891) によるパリ大改造も，都市を組織化した代表例である。19世紀初めまで都市は自然のままに任されていたが，パリでは住宅問題や緑地の不足が深刻化した。その生い立ちからイギリスの影響を大きく受けたナポレオン 3 世によって1853年から進められたパリ大改造には，随所にイギリスの影響が見られた。極めて閉塞的だったパリは，建物を壊して大通りを通すというオスマンの手法により，都市の内部体制まで変革されたのである。新たな公共空間は，警察的な効果，すなわち市民によるバリケード構築を防ぐという効果を狙ったものだった。

　緑地について，パリでは大きな公園がいくつも設立された。[11] 同様の動きはアメリカでも見られ，これらの都市公園は，ニューヨークのセントラルパーク (Central Park) の創設者であるオムステッド (Frederick Law Olmsted, 1822-1903) が提唱した緑の広大な空間，衛生，景観などの概念が欧米の都市にもたらした変革の，好例となった。[12] 19世紀末か

第 4 章　ユートピアと都市計画（19世紀〜20世紀前半）　75

ら，都市計画においてはアメリカの環境学者たちが活躍することになるが，"複数の機能をもつ緑地""緑地に囲まれた都心"などを最初に論じたオムステッドは，その先駆者だったと言えるだろう。なお，後者に関しては特に，都心の集合住宅の建設に新たな視点をもたらすことになった。

4　田園都市（ガーデンシティ）

20世紀に入ると，同世紀以降の都市計画とりわけ都市郊外モデルに大きな影響を与える新たな概念が登場した。イギリス人社会主義者かつユートピストのハワード（Ebenezer Howard, 1850-1928）が提唱した，田園都市（英 garden city；仏 cité-jardin）論である[13]。自然のままの田園都市モデルは1903年にレッチワース（Letchworth）で最初に成功し，1904年にかけてロンドンで普及していった。彼によると，田園都市に必要不可欠なのは，文化的側面と都市の周辺環境の調和である。複数の建物を調和させるには，庭園（jardin）を必ず設けなければならない。公共の建物は文化モデルであり，人々の接触を促進する通り（rue）がコミュニケーションにとって重要である。

ハワードの主張は，特に大都市郊外のあり方に，示唆を与え続けている。

〔註〕
1）　和訳本は，トマス・モア著，平井正穂訳『ユートピア』（岩波文庫赤 202-1，1957年）など。仏訳本は，Thomas More/Traduit de l'anglais par Victor Stouvenel, L'Utopie, Librio（1966）など。
2）　同時代のユートピストであるオーエン（Robert Owen, 1771-1858）も，ファランステールを論じている。
3）　日本でも，大平正芳（1910-1980）首相による政策研究会の1つとして「田園都市構想」研究グループが設置され，その成果は1980年の「政策研究会報告書」に収録された。松永桂子『ローカル志向の時代──働き方，産業，経済を考える

76　第Ⅱ部　都市計画法の源流

ヒント』(光文社新書788，2015年）191〜192頁。

4) Françoise Choay, L'urbanisme, utopies et réalités: Une anthologie, Éditions du Seuil (1965) に詳しい。なお，Choayは19世紀の都市計画研究の大家であり，1870年代のパリを特に得意とする。

5) 著名なテキスタイルデザイナーでもあるイギリス人社会主義者のモリス (William Morris, 1834-1896) は，ラスキンの影響が大きかったことを自ら語っている。Choay, supra n.4 p.168.

6) 和訳本は，カミロ・ジッテ著，大石敏雄訳『広場の造形』(鹿島出版会SD選書175，1983年）がある。仏訳本は，Camillo Sitte/Traduction de Daniel Wieczorek, L'Art de bâtir les villes: L'urbanisme selon ses fondements artistiques (1980)。どちらも原題は，"DER STÄDTEBAU NACH SEINEN KÜNSTLERISCHEN GRUNDSÄTZEN"。

7) Choay, supra n.4 p.260.

8) Choay, supra n.4 p.264.

9) Choay, supra n.4 p.270.

10) Choay, supra n.4 p.272.

11) パリ大改造と都市公園整備の関係についての詳細は，久末弥生『フランス公園法の系譜 (OMUPブックレット No.42)』(大阪公立大学共同出版会，2013年）15〜21頁参照。

12) オムステッドの生涯および功績の詳細については，久末弥生『アメリカの国立公園法——協働と紛争の一世紀』(北海道大学出版会，2011年）28〜39頁参照。

13) 和訳本では，エベネザー・ハワード著，長素連訳『明日の田園都市』(鹿島出版会SD選書28，1968年）がある。原題は，"GARDEN CITIES OF TO-MORROW"。なお，ハワードへのオマージュとして，東秀紀＝風見正三＝橘裕子＝村上暁信『「明日の田園都市」への誘い——ハワードの構想に発したその歴史と未来』(彰国社，2001年）がある。

第4章　ユートピアと都市計画（19世紀〜20世紀前半）　77

資料 　ベル・エポックと近代都市計画——日本への潮流

I　はじめに——東京シャンゼリゼプロジェクト

　2014年春，「東京シャンゼリゼプロジェクト」が始動した。東京都建設局によって同年3月11日に施行された東京シャンゼリゼプロジェクト実施要綱[1]の第1条によると，「このプロジェクトは，特例道路占用制度を活用することで，パリのシャンゼリゼ大通りのように，道路をにぎわいの場とするインフラの多機能化を推進し，まちの活性化を図っていくことを目的とする」ものである。つまり，"パリのシャンゼリゼ大通りのようなにぎわいを都道に"というコンセプトの下，都道の道路管理者である東京都が特例道路占用制度[2]を利用しやすいようにすることで，歩道上にオープンカフェ等の飲食店や商品販売の店舗を出店するのを可能にし，ひいては地元と共にまちの活性化を図ろうという取り組みが，本プロジェクトである。プロジェクトの第一候補地とされる東京都市計画道路環状第2号線の新橋——虎ノ門間の地上部道路が，2013年春に行われた愛称名の公募によって「新虎通り」と名付けられる等，東京シャンゼリゼプロジェクト実現に向けての準備は順調である。

　ところで，パリのシャンゼリゼ大通り（Avenue des Champs-Elysées）とその起点であるエトワール広場（別名，シャルル・ド・ゴール広場）が現在見られるような華やかで賑わいのあるエリアになったのは，19世紀末から20世紀初頭にかけてのベル・エポック期のことだった。同時期のパリ万国博覧会を背景に，近代都市の先駆けとなったパリの都市

78　第Ⅱ部　都市計画法の源流

計画は，各国における後世の都市計画にも影響を与えた。日本もまた，こうした影響を受けた国の1つである。

　2025年にフランス万国博覧会を開催予定のパリでは近年，ベル・エポック期のパリへの関心が高く，2014年4月から同年8月にかけては，パリ市内のプティ・パレ（パリ市立美術館）で大規模なベル・エポック回顧展「パリ1900年スペクタクル都市展（Paris 1900: La ville spectacle）」が開催された。

　本資料では，ベル・エポック期のパリの都市計画が日本に与えた影響を，一世紀後の現代の観点から概観する。

II　ベル・エポック前夜

1　オスマン時代の残照——シャンゼリゼ大通り

　1805年のアウステルリッツの戦いの戦勝記念建造物として，エトワール広場に凱旋門（Arc de Triomphe）の建設を決めたのは皇帝ナポレオン1世（Napoléon Bonaparte, 1769-1821）だが，建築家シャルグラン（Jean Chalgrin, 1739-1811）による設計の下，1806年に着工した工事はなかなか進まず，皇帝失脚時には凱旋門の高さはまだ20メートルしかない状態だった。ブルボン第二復古王政（1815-1830）下の1823年，ルイ18世（Louis XVIII, 1755-1824）が工事を再開させ，1830年からの七月王政（1830-1848）下でルイ・フィリップ（Louis-Philippe, 1773-1850）が工事を促進した結果，1836年に凱旋門はようやく完成した。

　ナポレオン1世の甥であるナポレオン3世（Napoléon III. 本名 Charles Louis Napoléon Bonaparte, 1808-1873）は，第二帝政（1852-1870）下の1853年からパリ大改造に着手し，1854年にデクレによって，エトワール広場から放射状に12本の大通りを通すことを決めた。凱旋門を東西に貫くシャンゼリゼ大通りとグランダルメ大通り（Avenue de la Grande-Armée）の現在の姿は，このデクレに由来している。シャンゼリゼ大

第4章　ユートピアと都市計画（19世紀～20世紀前半）　79

通りの前身は，17世紀の著名な造園家ル・ノートル（André Le Nôtre, 1613-1700）が設計した，エトワール広場とコンコルド広場を結ぶ大通りである。

　パリ大改造当時，エトワール広場を起点とする12本の大通りのうち，ボワ大通り（Avenue du Bois）が特に注目された。パリとブーローニュの森（Bois de Boulogne）を結ぶこの大通りは，他の大通りが幅30メートルだったのに対し，幅120メートルもあった。広大な緑地が両脇を覆うボワ大通りは有閑階級の人々の社交場となり，互いに挨拶を交わし，装いや帽子を見せびらかし，自慢の馬を比較し合う場だった。緑豊かなボワ大通りの当時の外観は，フォッシュ大通り（Avenue Foch）と名称が変わった現代にも引き継がれている。なお，エトワール広場を挟んでフォッシュ大通りの対角に位置するフリードランド大通り（Avenue de Friedland）とその延長のオスマン大通り（Boulevard Haussmann）は整備後すぐに，歴史的事件や豪奢な生活，財界絡みで名高いエリアになったが，パリ大改造の徹底ぶりを示すエピソードがある。オスマン大通りは，ナポレオン 3 世によって1853年 6 月にセーヌ県知事に任命されたオスマン男爵（Georges-Eugène Haussmann, 1809-1891）の名に由来する。第二共和政（1848-1852）当初からナポレオン 3 世の支持者だったオスマン知事は，ナポレオン 3 世が失脚してオスマン知事が辞任する1870年まで，「オスマン時代（temps d'Haussmann）」と称されるほど精力的にパリ大改造を主導した。オスマン大通りは当初，ボージョン大通り（Boulevard Beaujon）と呼ばれていたが，直線を崇拝するオスマン知事がこの大通りの設計図上に位置する自身の生家を犠牲にしたため，後に「オスマン大通り」と改称されたのである。このオスマン大通りが，オスマン大幹線（grands axes haussmanniens）と呼ばれるパリの幹線道路整備事業の最後の仕上げとなった。また当時，12本の大通り沿いにはマレショー・ホテル群（hôtels des

Maréchaux）があり，建物の高度に神経質だったオスマン知事と裁判になったが，"ナポレオン3世が尊敬する伯父の凱旋門に，ホテル群がより高い木陰をもたらしている"という理由でホテル群が勝訴したため，オスマン知事がホテル群の前に3列の街路樹を植えさせたというエピソードが残っている。

　このように，現在のシャンゼリゼ大通りやエトワール広場の原点は，第二帝政下のパリ大改造，すなわちオスマン時代に見いだすことができる。

2　第2回パリ万国博覧会の遺産——ナポレオン3世とルートヴィヒ2世

　19世紀後半から20世紀初頭にかけて，フランスでは計5回のパリ万博が開催された。第1回パリ万博（1855年）の成果に手応えを感じたナポレオン3世は，パリ大改造によって近代都市へと変貌していく首都パリを各国の君主にアピールする絶好の機会として，第2回パリ万博（1867年）と第3回パリ万博（1878年）の準備に余念がなかった。森の整備と都市公園の設立を最優先に置き，大通り，パリ・オペラ座やルーヴル宮（現在のルーヴル美術館）といった公共の建物，広場，上下水道をはじめとするインフラ等の整備も包括する大規模な都市改造プロジェクトだったパリ大改造は，次期パリ万博を常に意識しながら進められた。

　ナポレオン3世が1870年に失脚したため，結果的には第二帝政下で最後のパリ万博となった第2回パリ万博には，各国の君主や王族が多く訪れた。若きバイエルン（現在のドイツ南東部，当時の首都はミュンヘン）王ルートヴィヒ2世（Ludwig Ⅱ, 1845-1886）も，こうした訪問客の1人だった。作曲家ワーグナー（Wilhelm Richard Wagner, 1813-1883）のパトロンとして，またノイシュヴァンシュタイン城を代表とする築城で後世に有名となるルートヴィヒ2世は，1867年7月に第2回パリ万

第4章　ユートピアと都市計画（19世紀～20世紀前半）　81

博を訪れた際に，ナポレオン3世に手厚く迎えられた。ナポレオン3世自らが万博会場を案内してくれるという格別の厚遇の中，当時大流行していたオリエント風の万博パビリオンの「ムーア風東屋」を気に入ったルートヴィヒ2世は，後にこれを棟ごと買い取っている。このパビリオンは，後の一連の築城にも見られる彼のオリエント趣味の動機になっただけでなく，第3回パリ万博に人を派遣して買い取らせたパビリオンの「モロッコ風家屋」と共に，リンダーホーフ城（1874年に定礎式，1879年に完成）の庭園の名物となった。なお，リンダーホーフ城の庭園にはイギリス風景式庭園と呼ばれる様式が取り入れられているが，都市公園の典型様式の1つとしてイギリス風景式庭園を世界各地に伝えることになったのも，パリ万博である。つまり，都市公園の整備・設立を中心に進められたパリ大改造が，パリ万博を通じてイギリス風景式庭園という様式を各国に伝えた結果の一例として，リンダーホーフ城の庭園も挙げることができる。リンダーホーフ城の玄関ホール正面に今も展示されているセーヴル焼の青い大きな花瓶は，ナポレオン3世からルートヴィヒ2世に贈られたものである。共にオペラ好きだった2人の君主が，第2回パリ万博の際にパリ・オペラ座で一緒にオペラを鑑賞したという親交のエピソードも伝えられている。

　1870年7月に勃発した普仏戦争により，2人の君主は敵同士とされた。ナポレオン3世は失脚し，第二帝政は崩壊した。他方，ドイツ帝国の成立により，バイエルン王ルートヴィヒ2世は，"ドイツ皇帝"プロイセン王ヴィルヘルム1世の臣下となった。しかし，2人の君主による第2回パリ万博の遺産が，近代都市計画に与えた示唆は少なくないだろう。

Ⅲ　ベル・エポック期の都市計画

1　断絶の時代と近代交通機関

　「ベル・エポック（belle époque）」は“美しき良き時代”を意味し，19世紀末から20世紀初頭における文化・芸術の繁栄期，特にパリの全盛期を指す。正確な始期および終期については諸説あるが，終期については第一次世界大戦が勃発する1914年までとすることでほぼ一致している。また，始期については，1880年とするのが一般的のようである。つまり，ベル・エポック期は，1895年を始期とし1925年を終期とする，装飾芸術の新たな潮流である「アール・ヌーヴォー（art nouveau, 新しい芸術）」と時期的に重なる部分が少なくない。

　オスマン時代後からアール・ヌーヴォー前まで，すなわち1870年から1895年までの25年間は，パリの大きな建物に目立った変化が見られなかったため，近代建築史上，断絶（rupture）の時代として切り捨てられることがある。しかし，都市計画との関連では，近代交通機関が目覚ましく発達した時期という点で重要な意義をもつ。例えば，現在のパリのメトロ（地下鉄）1号線が開通したのは，第5回パリ万博開催年である1900年のことだが，メトロ最初の試運転が始まったのは1890年である。8つのメトロの入り口の設計がアール・ヌーヴォーを代表する建築家ギマール（Hector Guimard, 1867-1942）によるものだったことも，こうした歴史的なつながりに由来する。また，パリと地方都市を結ぶ鉄道網が急速に発達したのも，この時期である。これら地表と平行に走る交通機関の発達は，都市の広がりを促進した。他方，地表と垂直に走る交通機関，すなわちエレベーターの登場が，高さの面でも都市が発達するのを有利にした。第2回パリ万博（1867）会場で初めて試運転されたエレベーターは水圧式だったが，1890年に圧縮空気式，そして1895年には電動エレベーターが登場し，これらの普及が都市の姿を大きく変えていくことになる。

都市計画法制との関連では，「パリの住宅，屋根裏，屋根窓の高度
を規制する1884年7月23日のデクレ（Décret du 23 juillet 1884 portant
règlement sur la hauteur des maisons, les combles et les lucarnes dans la
ville de Paris）」が注目される。パリでは1783年の国王布告以来，前面
道路幅員を基準とする建物の高度規制を行ってきたが，数次の改正を
経た後の集大成が1884年デクレだった[3]。許可される高度の上限が史上
最高になったことは，当時の人々に精神面で大きな変化をもたらし
た。オスマン時代の厳格さは過去のものとなり，新しいデクレが都市
の段階的拡大を支えたのである。

2　ヨーロッパの首都，パリ──エッフェル塔，アール・ヌーヴォー博

　ベル・エポック期に"ヨーロッパの首都"とも呼ばれたパリの全盛
を象徴するのは，エッフェル塔とアール・ヌーヴォー博だろう。前者
は第4回パリ万博（1889年）に際して建設されたものであり，後者は第
5回パリ万博（1900年）の別名である。つまり，パリが近代都市へと変
貌していく過程において，19世紀後半からの一連のパリ万博は不可欠[4]
だったと言える。

　革命百周年を記念して，フランスの国威をかけて建設された鉄製
300メートルのエッフェル塔は，革命の象徴，フランスの象徴である
だけでなく，モダン（modern, 近代）の象徴でもあった。その後，各国
の大都市では，エッフェル塔を模した鉄塔の建設が相次ぐことになる。

　また，アール・ヌーヴォー博会場では，電気の時代の到来を象徴す
る大規模なイルミネーションが初めて導入され，大変な人気を集め
た。アール・ヌーヴォー博の5000万人と言われる入場者数は，1970年
開催の大阪万博（日本万国博覧会）まで破られなかった。この19世紀最
後にして最大の成功を収めた第5回パリ万博を頂点に，近代都市パリ
は繁栄を極めた。

3　近代日本への潮流──豊岡・寿ロータリー

　ベル・エポック期のパリの街並みが，明治・大正期の日本の都市計画に与えた影響は少なくない。例えば，1912年（明治45年）に建設された大阪の初代通天閣が，塔部分はエッフェル塔を，土台部分は凱旋門を，それぞれ模した設計だったことはよく知られている。また，通天閣を起点とする3本の道路や放射状の街並みがパリを模したものだったことが，新世界という地名の由来である。もっとも，通天閣，新世界共に，現在の姿は一変している。

　1925年（大正14年）5月23日に発生した北但大震災（北但馬地震）によって壊滅的な被害を受けた兵庫県豊岡市（当時は豊岡町）は，都市計画「大豊岡計画（大豊岡構想）」の下，近代都市への変貌と震災復興を同時に実現した。実際，震災当時の新聞（『大阪朝日新聞』大正14年5月28日付）には，「新しい豊岡町を新興都市の典型に」という見出しがある。大豊岡計画の中でも，6本の道路が交差する「寿ロータリー」はエトワール広場を模したものであり，パリの影響が顕著に見られる点で興味深い。北但大震災は大正時代中期から大豊岡計画が進められている最中に発生したが，寿ロータリー自体は震災前の耕地整理によって整備されたものである。もっとも，豊岡の道路網の中核を担う同ロータリーが震災復興に際して重要な役割を果たしたことは間違いない。さらに，耕地整理前後の図面（図1・2参照）を比較すると，耕地整理後はオスマン的な直線道路が目立つ。また，大豊岡計画では，道路の舗装も重点的に行われた。

　こうして見てみると，寿ロータリーを起点とする6本の大通りを中心に，直線の道路網が整然と並ぶ豊岡は，ベル・エポック期のパリの都市計画が近代日本に与えた影響を確認できる好例と言える。大正時代末期の街並みを現在も維持する豊岡を歩く時，われわれは見知らぬはずのベル・エポック期のパリへの郷愁にかられるのである。

図1 耕地整理前の豊岡町

図2 耕地整理後の豊岡町

シャンゼリゼ大通りから見る凱旋門

フォッシュ大通り

〔註〕
1) 本文は，http://www.kensetsu.metro.tokyo.jp/douro/syanzerize/syanzerize-youkou.pdf（最終閲覧日2015年9月27日）から参照できる。
2) まちの賑わい創出や道路利用者等の利便性向上のための施設について，一定の条件の下で，道路占用の基準を緩和する制度。WEB広報東京都・平成26年5月号（825号）2頁 http://www.koho.metro.tokyo.jp/koho/2014/05/201405.pdf（最終閲覧日2015年9月27日）。
3) 吉田克己「総論——都市法の論理と歴史的展開」原田純孝＝広渡清吾＝吉田克己＝戒能通厚＝渡辺俊一編『現代の都市法　ドイツ・フランス・イギリス・アメリカ』（東京大学出版会，1993年）167頁，511頁。
4) 1900年までに開催された博覧会の概要については，国立国会図書館HPのhttp://www.ndl.go.jp/exposition/s1/index.html（最終閲覧日2016年1月27日）が参考になる。

第4章　ユートピアと都市計画（19世紀〜20世紀前半）　87

〔参考文献〕

Jean-Marc Larbodière, Haussmann à Paris: Architecture et urbanisme Seconde moitié du XIXe siècle, Massin（2012）

Petit Palais Musée des Beaux-Arts de la Ville de Paris, Paris 1900: La ville spectacle, Paris Musées（2014）

アサヒグラフ増刊『巴里ベルエポック』（朝日新聞社, 1989年）

海野弘『世紀末のスタイル――アール・ヌーヴォーの時代と都市』（美術公論社, 1993年）

大畑悟ほか『夢を奏でたワーグナー　生誕200年記念特別展』（読売新聞大阪本社企画事業部, 2013年）

鹿島茂『パリ・世紀末パノラマ館――エッフェル塔からチョコレートまで』（中公文庫, 2000年）

京都産業大学ギャラリー「平成26年度特別展　大正14（1925）年5月23日　北但大震災」（2014年）

ジャン・デ・カール著, 三保元訳『狂王ルートヴィヒ――夢の王国の黄昏』（中公文庫, 1998年）

須永朝彦『ルートヴィヒⅡ世――白鳥王の夢と真実』（新書館, 1995年）

関楠生『狂王伝説ルートヴィヒ二世』（河出書房新社, 1987年）

田代櫂『湖のトリスタン――ルートヴィヒ二世の生と死』（音楽之友社, 1995年）

デヴィッド・ハーヴェイ著, 大城直樹＝遠城明雄訳『パリ　モダニティの首都』（青土社, 2006年）

豊岡町耕地整理組合『豊岡町地区整理誌』（豊岡町耕地整理組合事務所, 1934年）

ドロテア・バウマー著『宮殿ガイド　リンダーホフ』（フーバー出版社, 日本語版公式ガイド）

橋本文隆『図説アール・ヌーヴォー建築　華麗なる世紀末』（河出書房新社, 2007年）

ペーター・O・クリュックマン著, 竹内智子訳『ルートヴィヒⅡ世の世界』（プレステル出版, 2001年）

マルタ・シャート著, 西川賢一訳『美と狂気の王ルートヴィヒⅡ世』（講談社, 2001年）

ユリウス・デージング著『王城ノイシュヴァンシュタイン　城の説明・建築史・伝説』（ヴィルヘルム・キーンベルガー出版社, 日本語版公式ガイド）

ユリウス・デージング著『王ルートヴィヒ二世　王の生涯とその最期』（ヴィルヘルム・キーンベルガー出版社, 日本語版公式ガイド, 1976年）

〔資料協力〕

豊岡市教育委員会教育総務課文化財係

第 5 章

モダンと都市計画（20世紀）

1　都市計画の実現

　歴史的な文明化が都市モデルのレベルに現れるようになった20世紀初頭，生産メカニズムの機械化・組織化により，機械に適合し仕事を生み出す経済型の都市すなわち産業都市は全盛だった。工業地帯が文明化を象徴する空間となる一方で，人口の都市集中が進んだ。循環に関する人々の新たな欲求は，必然的に都市開発を求めた。こうした状況を背景に，法学者たちは都市計画法の制定に向けて努力を始めた。フランスでは1919年に，最初の都市計画法（正式名称は，1919年3月14日の都市の拡大・整備法（Loi du 14 mars 1919 plans d'extension et d'aménagement des villes)。以下「1919年3月14日法」という）が制定されることになる。[1]

　19世紀末に結集された，国際的な建築様式，都市計画に関する新たな概念，文化主義者やユートピストによる壮大なアプローチは，20世紀における都市計画の実現を導いた。フランスで展開された都市計画概念に基づき，国際的な建築物が設置された例は多く，別荘（villa)，テラス（terrasse)，上げ下げ窓，胴蛇腹（bandeau)，ピロティ（pilotis）などが流行した。個人住宅や集合住宅の建設には，公的な融資が行われた。[2]　成熟した旧市街とは異なる新たな都市モデルにおいて，建物は個々の住民の一致団結の下で建設された。都市は公的なものである，という一般概念が普及した。20世紀の都市計画については，議論があるものの，1960年代の前後で非常に異なるとして，同年代で区切るのが一般的である。1960年代までの都市計画においては，広大な郊外区

89

域を極めて徹底的に追求する傾向があり，こうした傾向は例えば，1960年に遷都したブラジルの新首都ブラジリア（Brasilia）の都市計画にも影響を与えた[3]。

20世紀はまた，地理学や建築学が都市計画に大きな影響を与えた時代だった。イギリス人生物学者のゲデス（Patrick Geddes, 1854-1932）は，経済学，社会学，地理学，歴史学にも造詣が深く，予備的調査において統計と質を同時に計ると共に，都市の組織化を提案した。彼は1915年に，『進化する都市（英 Cities in Evolution）』という著書を出版した。地理学から都市計画にアプローチした人物としては，先に言及したル・プレイも挙げられる[4]。ル・プレイは自然環境を重視し，山や海すなわち地理が都市に影響を与えるとして，都市と自然の相互作用を指摘した。建築物のような文化は都市を代表するが，都市を特徴づける象徴的なものは自然環境であるというのが，彼の主張だった。アメリカ人のマンフォード（Lewis Mumford, 1895-1990）は，建築学から都市計画にアプローチした先駆者である。彼は変革期にある都市の文化的側面に着目し，機械の発達についての著書を多く残すと共に，既存の都市にまでユートピアモデルを引き延ばそうと試みた。

第一次世界大戦後の1910年代末から1920年代は，フランス人の都市計画家や建築家が活躍した時期だった。ジョセリー（Léon Jaussely, 1875-1932）は，1907年に完成したバルセロナの都市計画の設計者として知られる。彼は緑と海，とりわけ沿岸地帯を重視し，海に向かって開かれた都市を提唱した。環境上の特色を強く打ち出すジョセリーの都市計画概念は，著書『都市地理学（la géographie urbaine）』などを通じて，他の学者たち（文化主義者，進歩主義者など）や実際の都市計画案だけでなく，アメリカの都市計画にも大きな影響を与えた。同時期に活躍したフランス人都市計画家としては他に，ブランチャード（R. Blanchard）やアガッシュ（Alfred Agache, 1875-1959）がいる。このうち

90 第Ⅱ部 都市計画法の源流

ブランチャードは，開発や環境，特色に関する『地理的調査 (enquête géographique)』(著書名でもある) を行うなど，都市地理学の方法を活用した。[5] 都市計画法との関連では，ポエット (Marcel Poète, 1866-1950) が重要である。彼はフランスの都市計画をいくつも手がけただけでなく，"コルヌデ法 (Loi Carnudet)"の都市への一括適用を導いた。人口1万人以上の都市に都市整備計画の策定を義務づける同法こそが，フランス最初の都市計画法すなわち1919年3月14日法である。コルヌデ法については，ハワードの田園都市論の影響も指摘されている。[6]

2 建築家と都市計画

1960年代を区切りとする20世紀の都市計画史において，同年代以前の三大建築家[7]として，ガルニエ (Tony Garnier, 1869-1948)，ル・コルビュジエ (Le Corbusier; 本名Charles-Édouard Jeanneret, 1887-1965)，グロピウス (Walter Gropius, 1883-1969) が挙げられる。

ガルニエは，工業都市 (cité industrielle) の提唱者として知られる。工業都市とは，19世紀の産業都市 (ville industrielle)[8]とは全く異なり，都市機能を包括した近代都市をイメージしたものだった。

ル・コルビュジエは1925年に，「パリのヴォアザン計画 (Plan Voisin de Paris)」という都市計画案を発表した。ヴォアザン計画では記念建造物を徹底化した超高層ビル群の建設が提案され，住宅，仕事，レクリエーション，循環が重視された。特に循環については，飲み水の循環や交通の循環など異なるレベルの循環の容易化が図られた，斬新な近代都市モデルだった。ル・コルビュジエの功績は多く残されているが，マルセイユのユニテ・ダビタシオン (1950年)[9]，都市計画法との関連では，第4回CIAM (Congrès International d'Architecture Moderne, シアム，近代建築国際会議) におけるアテネ憲章 (La Charte d'Athènes; 英 The Athens Charter) の採択が代表的である。[10]「都市計画の鍵は以下の4機

能の中にある。住む，働く，楽しむ（余暇に），往来する[11]」と定める同憲章77条には，彼の主張が凝縮されている。

　グロピウスは都市計画における多数派学説を確立したことで知られ，現代の建築物や都市計画に与えたイデオロギー的な影響力の大きさという点では，ル・コルビュジエと双璧の存在と解されている[12]。モダニティ（英 modernity, 近代性）を重視するグロピウスは，社会史の中で都市を特徴づけて，都市概念を解釈しようとした。工業生産技術や不動産建設と共に，非常に重要なのは再生産（reproduire）であることを，彼は模型で示した。建設の連続を減らし都市を再生する必要があるのは世界共通である，というのがグロピウスの主張だった。彼の都市計画案において，都市は共同社会のように総体であり衛生および都心の管理が問題とされたが，核心は衛生管理だった。グロピウスはまた，日光・大気・水・緑という4つの自然要素を最大限に考慮した。彼が手がけたすべての都市計画で，特に都心について，これらの要素が考慮された。緑地が設けられ，予備のための場所が消滅したのは，衛生問題を根本的に解決するためでもあった。ゾーニング方針に沿って，循環機能が重視され，居住空間や商業空間が設けられた。グロピウスが提案する小さな都市，つまり都市機能が非常に集中した都市は，ル・コルビュジエによる1935年の著書『輝く都市（La ville radieuse）[13]』に通じるところがある。同じ建物内で階によって機能が違うというグロピウスによるイメージは少々急進的だったため，フランスの都市計画で実用化されるのは第二次世界大戦後のことだった。

3　環境と都市計画

　20世紀の建築と都市計画において，最大の課題は，自然や生態環境（エコロジー）を都市の中にどのように組み込むかということだった。このためには，2つの段階が必要とされる。まず，自然や生態環境と

いう概念を明らかにする段階である。ここでは，科学的自然と規律上の自然が含意され，持続する有機組織的な都市モデルが提案される。次の段階では，生態学原理を取り入れた「都市生態学（écologie urbaine）」のような都市環境に関する新たな概念が，都市モデルのかたちで現れる。

　環境と都市計画の関係については，19世紀末に活躍したアメリカの環境学者たちが先駆者と言える。先述のオムステッドやソロー（Henry David Thoreau, 1817-1862）[14][15]らにより，「環境（英 environment）」をめぐる議論が古くから活発に行われたアメリカにおいて，環境と都市計画の関係に最も大きな影響を与えた建築家がライト（Frank Lloyd Wright, 1869-1959）だった。ニューヨークのグッゲンハイム美術館（英 Solomon R. Guggenheim Museum, 1959年完成）[16]に代表される彼の建築は，非常に象徴的なものを具現化するスタイルだった。[17]環境都市，自然都市，オリジナル都市といった都市概念を提唱する都市計画理論の専門家として彼は，有機組織的な建築物を手がけた。ライトは1932年の著書『消滅都市（英 The Disappearing City）』の中で産業都市を批判し，自然環境を取り戻す必要を指摘すると共に，新産業都市を提案した。

　レオポルド（Aldo Leopold, 1887-1948）もまた，環境と都市計画の関係に大きな影響を与えたアメリカ人だった。1949年の著書『野生のうたが聞こえる』[18]の最後の部分で彼は，人々と自然との新たな関係を定義づける「土地倫理（英 Land Ethic）」について説明した。

「土地倫理とは，要するに，この共同体という概念の枠を，土壌，水，植物，動物，つまりはこれらを総称した『土地』にまで拡大した場合の倫理をさす。」[19]

　レオポルドは，現代の環境保護運動[20]の足場を築くと共に，環境倫理学の先駆者となった。[21]

第5章　モダンと都市計画（20世紀）　93

4　景観と都市計画

　1960年代以降，都市の重要な要素として，日光，海，大気などの自然要素に加えて，建物の多様性も要素になりうることが指摘されるようになった。このような例として，日本の景観を数多く紹介したのが，フランス人地理学者のベルク（Augustin Berque, 1942-）である[22]。彼は日本に住みながら，例えば建築物と自然の中間に位置するものとして「滝」に着目するなど，景観と都市計画について精力的に研究を行った。

　景観を重視する都市計画では，空間の調和，連続する周囲の環境を確保すると共に，工業地帯や商業地帯を隔離して分散させることが志向された。自然環境とその特色に囲まれた個人住宅が必要不可欠なものであって，その他のものは隔離されるというのが，根本的な主張だった。都市の循環機能を重視しつつ分散された都市を目ざす，この時期の都市計画は，ユートピア論の側面が極めて強い。反面，文化主義や進歩主義の側面を持たないことから，田園都市とはあくまでも異なるものと解されている。

〔註〕
1）　同年には，日本でも最初の都市計画法（旧法）が制定された。
2）　マルセイユ（Marseille）にあるル・コルビュジエが建設した集合住宅，ユニテ・ダビタシオン（unité d'habitation）が，こうした建築物の代表例である。
3）　コスタ（Lucio Costa, 1902-1998）とニーマイヤー（Oscar Niemeyer, 1907-2012）によって建設されたブラジリアは，都市機能の分離を特徴とする。Françoise Choay, L'urbanisme, utopies et réalités: Une anthologie, Éditions du Seuil (1965) p.53 (1)．なお，ニーマイヤーが1950年代に手がけた都市は相対的に，人里離れたモデルが多い。
4）　第Ⅱ部第3章2参照。
5）　Choay, supra n.3 p.62 (2)．
6）　東秀紀＝風見正三＝橘裕子＝村上暁信『「明日の田園都市」への誘い――ハワードの構想に発したその歴史と未来』（彰国社，2001年）157頁。
7）　分類には諸説あるが，本書はフランスでの一般的な見解に従った。
8）　第Ⅱ部第3章2参照。

94　第Ⅱ部　都市計画法の源流

9） 注2）参照。

10） 日本の国立西洋美術館本館も，ル・コルビュジエによる設計である。国立西洋美術館HP http://www.nmwa.go.jp/jp/about/index.html（最終閲覧日2016年1月27日）。

11） ル・コルビュジエ著，吉阪隆正編訳『アテネ憲章』（鹿島出版会SD選書102，1976年）115頁。

12） Choay, supra n.3 p.224.

13） 和訳本では，ル・コルビュジエ著，坂倉準三訳『輝く都市』（鹿島出版会SD選書33，1968年）がある。原題は，"MANIÉRE DE PENSER L'URBANISME（都市計画の考え方）"。

14） 第Ⅱ部第4章3参照。

15） ソローとボストン・フリーダムトレイルのエピソードについては，久末弥生『アメリカの国立公園法──協働と紛争の一世紀』（北海道大学出版会，2011年）38頁参照。

16） グッゲンハイム美術館HP http://www.guggenheim.org/new-york/visit（最終閲覧日2016年1月27日）。なお，完成はライト没後だった。

17） 日本の帝国ホテル旧本館（ライト館）も，ライトによる設計（1916年）だった（1923年完成）。帝国ホテルHP http://www.imperialhotel.co.jp/j/brand_story/index.html（最終閲覧2016年1月27日）。

18） 原題は，"A Sand County Almanac（砂土地方のガイドブック）"。

19） アルド・レオポルド著，新島義昭訳『野生のうたが聞こえる』（講談社学術文庫，1997年）318頁。

20） 森林管理官だったレオポルドは当初，自然保全（conservation）を主張していたが，後のスタンスには変化が見られる。この点について，「人間中心的，ピンショー流の自然保護から，生態学的・生物中心的な見方へのレオポルドの回心」が指摘されている。レオポルド著，新島訳・前掲注19）364頁。自然保存派と自然保全派の対立については，久末・前掲注15）27頁，40頁等参照。

21） アルド・レオポルド財団HP http://www.aldoleopold.org/AldoLeopold/landethic. shtml（最終閲覧日2016年1月27日）。

22） 最近では，来日時の2015年10月16日に，アンスティチュ・フランセ関西／総合地球環境学研究所主催の講演「『芸術作品の起源』への風土的道のり（DE L'ORIGINE DE L'ŒUVRE D'ART EN MÉSOLOGIE）」を行い，「宗柄の様にそれを質から霊への趣と呼ぶにしても，またはハイデッガーの様に大地と世界の間の係争と呼ぶにしても，風景の中に同じ原理が働いている。それは人間世界を開く働きなのだ。」（原文のまま）との見解を展開した。

第6章

持続可能性と都市計画 (20世紀後半～21世紀)

1 エコロジーと都市計画の変容

　近現代史における都市計画の潮流を把握するためには，歴史社会学的観点，都市工学に基づいた建物，客観的な問題提起や年代順のテーマなどが重要であることは，先に述べた。[1]

　1960年代は，都市計画概念の過渡期だった。この時期，アメリカでは環境保護主義 (英 environmentalism) が台頭し，環境問題を問うアメリカの文献は1980～1990年代のヨーロッパに波及した。環境に対する再評価と環境懸念を背景に，都市生態学が重視されるようになった。新たな環境懸念の下，フランスでは，環境保護志向の社会，環境保護派の法学者 (éco-juriste)，環境への愛着などが生まれ，裁判の性質，概念の定義，統合の意味などが，人間と自然との共同体を前提とするものに変わっていった。生態学的な理論や原理をスピーチで強化する手法は，アメリカの環境学者たちが生態科学を追求した19世紀末に通じるものだった。[2] 他方，科学的構成要素や自然空間の相関関係に着目し，生態系 (エコシステム) や代謝を重視するのが20世紀後半の特徴である。

　20世紀後半はまた，人間社会の特に都市空間に対して，生態環境 (エコロジー) に関する大規模な法律が適用された時期だった。アメリカ人科学者のウォルマン (Abel Wolman, 1892-1989) は1965年に「都市の新陳代謝 (英 The Metabolism of Cities)」という論文を発表し，都市の環境問題について生態学的に特徴づけ，分析し，解決法を実践した。

96

1960〜1970年代には，生態系への猛烈な影響を最小化するために，環境保護に関する法律の適用やエコビジネスが始まった。エネルギー，物流，人口，情報などの爆発的増加を背景に，都市の生態環境が最大限まで利用されていたからである。1971年にユネスコ（United Nations Educational, Scientific and Cultural Organization: UNESCO, 国連教育科学文化機関）で始まったMABプログラム（英 Man and the Biosphere Programme, 人と生物圏プログラム）は，生物（バイオ）中心主義，生態環境（エコ）中心主義の内容であり，持続可能性のための生態科学を重視するものだった。政府間科学技術プログラム（英 Intergovernmental Scientific Programme）の一環であるMABプログラムのネットワークには，2015年現在，世界120か国にある651の生物圏保護区（英 biosphere reserve）が加わっている。[3]

こうした状況を背景に，20世紀後半の都市計画に関しては，都市生態学者たちが活躍した。1980年代からはエコ社会システム（éco-socio système）が盛んに論じられるようになり，都市の中に外部の環境や自然を組み込んだコンパクトシティが提唱された。この時期のフランスに影響を与えたのが，アメリカのシカゴ大学の部局，エコールドシカゴ（École de Chicago）が展開した社会学である。同エコールの紀要『都市生態学の誕生（Naissance de l'écologie urbaine）』シリーズは，1990年から2000年にかけて，異なる省同士の実施協力，エネルギーや素材の方針転換など，さまざまな提言を行った。1990年代に都市計画の分野で活躍したフランス人学者としては，地理学者のバール（Sabine Barles）やレヴィ（Jean-Pierre Lévy）[4]，都市生態学者のクーター（Olivier Coutard）などが挙げられる。バールは都市の実態調査を精力的に行い，クーターは「持続可能な開発」を批判すると共に「持続可能な都市」を追究した。[5]

1990年に持続可能な開発省[6]は，二大目標を明らかにした。第一の目

標は，生物（動物，植物）空間との関係において，都市の生活環境，生活環境の枠組みを改善し，生み出すことである。第二の目標は，大生物圏（grande biosphère）を想定して，他の生態系と共に，生物の変化を最適化することである。[7]1990年はまた，欧州委員会（英 European Commission）が『都市環境緑書（英 Green Paper on the Urban Environment）』を発表した年でもあった。

こうして1990年代に，議論の中心は持続可能な都市を探るものへと移行していった。

2　現代における持続可能な都市

持続可能な都市の起源が18世紀にまでさかのぼることは先述したが，[8]現代のそれとはやはり異なる。すなわち，現代における持続可能な都市を考える上では，①都市と外部環境との相互作用，②都市のロケーション（位置），③野生動物の足跡を反映した生息地の形態（都市の中でどのように生息させるか），という3点の検討が重要な意義をもつ。

1980年代から1990年代は，持続可能な開発（英 Sustainable Development: SD）に関する大きな国際会議が開催された時期だった。1987年には環境と開発に関する世界委員会（ブルントラント委員会，英 World Commission on Environment and Development: WCED）が，報告書『我ら共有の未来（英 Our Common Future）[9]』の中心的な考え方として持続可能な開発を取り上げ，「将来の世代の欲求を満たしつつ，現在の世代の欲求も満足させるような開発」との概念説明を行った。また，1992年にブラジルのリオデジャネイロで開催された「国連環境開発会議」（UNCED，地球サミット）では，環境分野での国際的な取組みに関する行動計画である「アジェンダ21（英 Agenda 21）」が採択された。[10]

ヨーロッパでは先に触れた欧州委員会の『都市環境緑書』の中で持続可能な都市プロジェクトが提案され，[11]さらにEU（英 European Union,

98　第Ⅱ部　都市計画法の源流

欧州連合）が発足した1993年からは，ヨーロッパの都市環境について持続可能な都市開発を求める動きが高まった。ヨーロッパの都市における持続可能な開発の実現に大きな影響を与えたのが，1994年に採択されたオールボー憲章（英 Aalborg Charter）である。同憲章は，ヨーロッパにおける持続可能な開発の概念に革新をもたらした。2004年にはオールボー＋10（英 Aalborg Charter+10）において，持続可能な都市に関する原則の再定義が行われた。また，2007年に持続可能な欧州都市に関するライプチヒ憲章（英 Leipzig Charter on Sustainable European Cities）が採択される一方で，2000年代初めからは，異なる段階においてEUによる持続可能な都市の促進キャンペーンが実施された。

　こうした背景を踏まえながら，現代における持続可能な都市に関する先の3点を検討していく。まず，①都市と外部環境との相互作用については，地球レベルで，かつ生態学的に考える必要がある。具体的には，自然現象レベルの気候変動，地球レベル・生態学的レベルでの大きな環境懸念である大気汚染やガス問題などが，都市環境と作用し合う。次に，②都市のロケーションについては，持続可能な都市モデルの実験を絶えず行うことが重要である。異なる段階におけるさまざまな持続可能な都市モデル同士のネットワーク，これらの都市間の違いや変容を評価する手続，金銭面での指針などに関して，実験がイニシアティブを取るべきだろう。最後に，③野生動物の足跡を反映した生息地の形態については，持続可能な都市と共に活気づくのが望ましい。そのためには，持続可能な生息地において生態学的な科学技術（エコ技術）を実践する必要がある。例えば，エネルギー資源，生態学的地域（エコ地域），都市の特産物の最適化など，環境面での合理化が求められる。現実の都市計画においてこれらは，都市の自然空間や緑地として検討され，さらに生息地の形態とつながることになる。

3 21世紀の緑地と持続可能性

　21世紀に入ると，現代における持続可能な都市について検討した3点は，次のように進化していく。すなわち，①都市と外部環境との相互作用（20世紀）→❶移動性（21世紀），②都市のロケーション（20世紀）→❷団結・干渉（21世紀），③野生動物の足跡を反映した生息地の形態（20世紀）→❸人間の住み方（人間活動の見直し）（21世紀），である。

　まず，❶移動性については，20世紀までの都市計画において主流だった「循環（circulation）」概念に代わるものとして，「移動性（mobilité）」という新たな概念が提案されるようになった。移動性にはさまざまな形態があるが，とりわけ自動車との関連で，環境に影響を与える点が特徴的である。すべての都市が環境に作用し，生態学的にはマイナスであることが認識される一方で，地方主義（英 localism）も広まりつつあるのが，最近の動向である。

　次に，❷団結・干渉（cohésion, cohérence）については，例えば，大気汚染リスクのような産業リスクに対する取り組みが典型である。さらに，都市再開発の際にエコ地区（éco-quartier）を代表するものとして個人住宅を配置したり，住民が政治的リーダーシップをとるための市民参加が行われたりしている。また，都市計画に関して経済面でのヨーロッパの団結も重視され，1998年に『21世紀の都市に関する都市計画憲章（新アテネ憲章，La Charte pour l'urbanisme des villes du XXI ème siècle）』，2004年に『ヨーロッパ建設白書：30の提案（le Livre Blanc des architectes: 30 propositions）[12]』などが発表された。

　最後に，❸人間の住み方については，不動産建設にとどまらない，人間活動としての居住機能が再認識されるようになった。地球の住民である人間が，周辺地理の環境と関わり自然と接触しながら居住する必要性は，ドイツ人哲学者のハイデッガー（Martin Heidegger, 1889-1976）によって20世紀初めにすでに指摘されていた。最近のフランス

100　第Ⅱ部　都市計画法の源流

人学者では，先に紹介したベルクのほか，2012年の著書『新しい都市の美しさ (Les nouvelles esthétique urbaines)』や2009年から2010年にかけての「都市生態学」チームとしての活動が知られるブラン (Nathalie Blanc) などが，人間の居住に着目している。

このように，21世紀における持続可能な都市に関する❶から❸までの３点はいずれも重要な意義をもつが，中でも❸人間の住み方が都市計画に関する議論を新たな段階に導いたことは注目される。自然と向き合う経験の重視が，生物の住処の宝庫としての自然を再認識させた。つまり，都市の中に自然を体験できる空間を作ると，経験だけでなく，お金も生み出すのである。21世紀の緑地は，公園 (jardin public) や自然空間 (espace naturel) として存在し，都市機能のうち，環境要素 (élément environnemental)，植物要素 (élément végétal)，動物空間 (espace animal) を担うのが一般的である。そして，都市の居住適性 (住み心地) は，公園や自然空間を，人間が動物たちとどのように共有し，あるいはそこからどのようにお金を生み出すかにかかっている。

なお，フランスの都市計画における最新動向として，「感覚都市 (ville sensible)」という新たな概念が提唱され，身体面だけでなく精神面においても人間が快適と感じる環境や雰囲気を重視する動きがあることを紹介しておきたい。

〔註〕
1） 第Ⅱ部第３章２参照。
2） 第Ⅱ部第５章３参照。
3） ユネスコHP http://www.unesco.org/new/en/natural-sciences/environment/ecological-sciences/man-and-biosphere-programme/（最終閲覧日2016年１月27日）。
4） レジスタンス闘士のジャン＝ピエール・レヴィとは別人である。
5） 2000年以降は日本でも，Sustainable Development (SD) を「持続可能な発展」と和訳する傾向にある。

第6章　持続可能性と都市計画（20世紀後半〜21世紀）　101

6） 正式名称は，エコロジー・持続可能な開発・エネルギー省（Ministère de l'Écologie, du Développement durable et de l'Énergie: MEDDE）である。

7） フランスの大生物圏構想は，1990年代以降のアメリカで展開されている大エコシステム構想の影響を受けたものである。大エコシステム構想の詳細については，久末弥生『アメリカの国立公園法——協働と紛争の一世紀』（北海道大学出版会，2011年）156～160頁参照。

8） 第Ⅱ部第3章1参照。

9） 和訳は，https://www.env.go.jp/council/21kankyo-k/y210-02/ref_04.pdf（最終閲覧日2016年1月27日）から参照できる。

10） 外務省HP http://www.mofa.go.jp/mofaj/gaiko/kankyo/sogo/kaihatsu.html（最終閲覧日2016年1月27日）。

11） 本章1参照。

12） 原文は，http://syndicat-architectes.fr/files/2011/04/LivreBlancArchi2004.pdf（最終閲覧日2016年1月27日）から参照できる。

13） 第Ⅱ部第5章4参照。

14） Benoît Feildel, Vers un urbanisme affectif: Pour une prise en compte de la dimension sensible en aménagement et en urbanisme, NOROIS N° 227, 2013/2, p.55.

| 資料 | ダニエル・マローの庭園

1 はじめに

　長崎県佐世保市のテーマパーク型リゾート「ハウステンボス（蘭 HUIS TEN BOSCH）」のシンボルは，広大な庭園を擁するパレスハウステンボスである。オランダに実在する宮殿の外観が忠実に再現されたパレスハウステンボスは，ハウステンボス内の多くのアトラクションの中でも人気の高い施設だが，その庭園がフランスのヴェルサイユ宮殿の庭園の隠れた系譜であることに気づく人は少ない。

　本資料では，日本のパレスハウステンボスの庭園とフランスのヴェルサイユ宮殿との庭園の関係を，忘れられた1人の造園家に着目しながら概観する。

2 造園家の光と影──ル・ノートルとマロー

　オランダのデンハーグ郊外に，パレスハウステンボスの最初の宮殿と庭園が建設されたのは，1645年のことだった。のちにイギリス王ウィリアム3世（William Ⅲ，1650-1702）となるオランダ総督（英 Stadtholder）のオレンジ公ウィリアム（William of Orange）は，パレスハウステンボスの大改築を決意し，その設計をフランス人造園家ダニエル・マロー（Daniel Marot，1661-1752）に託した。ユグノー（フランスのカルヴァン派プロテスタント）教徒だったマローは，1685年のルイ14世によるナントの勅令の廃止（révocation de l'édit de Nantes）の際，宗教的迫害を避けるために祖国フランスを去ってオランダに渡り，そこでオレンジ公

第6章　持続可能性と都市計画（20世紀後半～21世紀）　103

ウィリアムに仕えることになったのである。

　ところで，マローがフランスで師事していたのは，フランス人造園家の大家であるアンドレ・ル・ノートル（André Le Nôtre, 1613-1700）だった。フランス整形式庭園（parc à la française）の最高傑作とされるヴェルサイユ宮殿の庭園を設計したことで知られるル・ノートルは，17世紀当時のフランスで最も成功した造園家だっただけでなく，現代においてはモダンランドスケープデザイン（英 Modern Landscape Architecture）史の祖とも位置づけられる偉大な人物である。ル・ノートルによる設計は他にも，チュイルリー宮殿の庭園やヴォー・ル・ヴィコント城の庭園，フォンテーヌブロー城の庭園などの多くのフランス整形式庭園，さらにパリのシャンゼリゼ大通りのような都市計画にまで及んだ。

　実際，オレンジ公ウィリアムのためにマローが設計したパレスハウステンボスの庭園のスケッチは，師匠ル・ノートルが設計したヴェルサイユ宮殿の庭園に非常によく似た整形式庭園だった。マローは他にも，オランダのローゼンダール庭園やトゥィッケル庭園，ヘットロー庭園などの設計を手がけてオランダ・バロック式庭園と呼ばれる庭園形式を確立させるが，美しい幾何学模様を最大の特長とする点で，オランダ・バロック式庭園がフランス整形式庭園の系譜であることに間違いはない。もっとも，パレスハウステンボスの大改築は宮殿について1733年に着手，1754年に内装が完成されたのみで，マローが設計した庭園は実現されなかった。1688年12月から1689年２月にかけて勃発した名誉革命（英 Glorious Revolution）によりイギリス王ウィリアム３世となったオレンジ公ウィリアムが去ったのち，次第に凋落していったオランダの財政状況は厳しく，さらにマローの庭園設計は後継の支配者たちの好みに合わなかったからである。

3　忘れられたフランス人造園家

　1689年12月に権利章典（英 Bill of Rights）が正式立法化されたイギリスに，ウィリアム3世を追って，マローもやがてオランダから渡って来た。イギリスでは，ロンドンのハンプトンコート宮殿で「パーテール（英 parterre）」と呼ばれる花壇と道を装飾的に配置した庭をいくつか設計した他，パリ生まれのマローは，フランス風家具のデザイナーとしても人気を集めた。しかし，ウィリアム3世没後にマローは再びオランダに渡り，そこで生涯を終えたのである。

　1685年からほぼオランダで活動していたマローだが，彼の手がけた庭園設計あるいは家具デザインはすべてフランス様式で貫かれている。もっとも，祖国フランスでマローはほとんど評価されておらず，ダニエル・マローの名を知るフランス人はむしろ稀というのが現状である。

　歴史に埋もれていたマローの1枚の庭園設計ステッチが，300年もの時を経て遠い異国の日本でパレスハウステンボスの庭園として鮮やかに出現したのは，1992年のことだった。ハウステンボスの開園からさらに20年を経て，庭園の緑がいっそう濃く，木立が着実に高くなっていく現代の庭園の様子は，マローの目にどのように映るだろうか。

パレスハウステンボスの庭園

〔参考文献〕
池田武邦『ハウステンボス・エコシティへの挑戦』(かもがわ出版かもがわブックレット127,1999年)
神近義邦『ハウステンボスの挑戦』(講談社,1994年)
武田史朗＝山崎亮＝長濱伸貴編著『テキスト　ランドスケープデザインの歴史』(学芸出版社,2010年)

第Ⅲ部　都市計画の展望

第7章

PFIとの連携

1 PFI事業と都市計画——空港コンセッション, 都市公園コンセッション

PFI（英 Private Finance Initiative）は, 公共事業や公共施設の建設, 維持管理, 運営等について民間の資金, 経営面・技術面でのノウハウを活用することによって, 公共サービスの提供におけるVFM（英 Value for Money）を創出する手法である。1992年にイギリスのメージャー（John Major, 1943-）政権下で生まれたPFIは, 欧米各国やオーストラリア, 韓国等で導入が進み, 1999年には日本でも「民間資金等の活用による公共施設等の整備等の促進に関する法律（以下「PFI法」という）」が議員立法により制定された。以後, PFI法の改正は何度か行われてきたが, 2011年の法改正は最大規模のものとなった。とりわけ, 公共施設等運営権制度が新設されたことは, 日本版コンセッションの導入として大きく注目された。[1]

2015年12月1日にオリックスと仏VINCI Airports（ヴァンシ・エアポート）が出資比率50%ずつの「関西エアポート株式会社（以下「関西エアポート」という）」を設立し, 同月15日に関西エアポートが新関西国際空港株式会社との間で「関西国際空港及び大阪国際空港特定空港運営事業等公共施設等運営権実施契約」を締結したと報じられた。関西エアポートの資本金は12億5000万円で, 2016年4月1日から2060年3月31日までの44年間, 関西国際空港（以下「関空」という）と大阪国際空港（以下「伊丹」という）の運営権者になることが予定されているという。[2]

VINCI Airportsを擁するVINCIグループは, パリの西郊外のリュエ

109

イユ・マルメゾン（Rueil-Malmaison）に本社を置く，1899年創業のヨーロッパ最大手のコンセッション企業である。高速道路コンセッションや鉄道コンセッションで定評があるVINCIグループの2014年度の売上高は387億ユーロに上り，近年はフランス全土にVINCIの駐車場コンセッションが普及しているため，市民生活にも身近な企業となっている。空港運営を担うのがグループ企業のVINCI Airportsであり，2014年度の売上高は7億1700万ユーロ，2016年1月現在で25のコンセッション空港（フランス11空港，ポルトガル10空港，カンボジア3空港，チリ1空港）を運営している。VINCI Airportsによる空港コンセッション[3]の強みは，コンセッションのノウハウを熟知していることに加えて，盤石の資金力を背景にした長期投資を得意とすることである。例えば，将来的な仏ナント空港プロジェクトにおいては，VINCI Airportsによる55年間のコンセッション投資が予定されている。また，VINCI Airportsの2014年度の総旅客数は4700万人で前年比9％増と，2010年度以降，右肩上がりの状況が続いている[4]。こうした業績好調を受けて近時は，VINCIグループ内でも，VINCI Airportsへの期待が高まっている。

　関空・伊丹がVINCI Airportsにとって東アジア初のコンセッション空港となることから，3つの点を指摘したい。まず，VINCIグループが関空・伊丹を糸口に，空港コンセッションに限らず日本の民営化市場全体に本格参入する可能性である。次に，VINCI Airportsが，従来得意としてきた地方都市空港コンセッションから，将来的には大都市空港コンセッションへと方針転換する可能性である。最後に，VINCI Airportsが日本企業のオリックスと組むことにより，従来必ずしも十分ではなかった旅客サービスの向上・良質化を図る可能性である。いずれの点においてもVINCIが，中世の水道事業に遡ることができるほど古いコンセッションの歴史をもつフランスに本拠を置[5]

く，ヨーロッパ最大のコンセッション企業であることに留意する必要があるだろう。

　空港コンセッションも都市インフラに大きな影響を与えるが，都市計画により直結するPFI事業としては，都市公園コンセッションが考えられるだろう。PFI法2条1号が「公共施設等」の1つとして「公園」を明記しているので，都市公園もPFI事業の対象となる。ところでPFI事業には，民間事業者が投下資本を回収する方法に応じて，サービス購入型，独立採算型，混合型の3つのタイプがある。サービス購入型は，民間事業者が公共施設の管理者である公的主体から投下資本相当額（サービス購入料）を事業期間に応じて分割で支払いを受けるタイプで，庁舎等のいわゆる箱ものによく適合する。サービス購入型（箱ものPFI，延べ払い型PFIとも呼ばれる）は，利用者からの料金収入が見込まれない施設で活用される例が多い。独立採算型は，民間事業者が施設利用者からの料金収入により投下資本を回収するタイプである。混合型は，サービス購入型と独立採算型を組み合わせたタイプで，民間事業者は施設利用者からの料金収入と公的主体からのサービス購入料の双方により投下資本を回収する。このうち，独立採算型PFIと混合型PFIの事業推進を目ざして2011年に新設されたのが，公共施設等運営権制度である。したがって，公共施設等運営権は本来的に，コンセッションフィーの徴収が可能な料金収受インフラビジネス（例えば，水道，鉄道，港湾，公的賃貸住宅，空港）を中心とする，主に独立採算型PFI事業への適用を想定して定められたものと言える[6]。

　日本で最初のPFI都市公園である長井海の手公園（神奈川県横須賀市）は，2003年から12年間のサービス購入型PFI事業として整備された[7]。PFI事業期間満了後の2015年からは8年間の指定管理事業に移行し，「長井海の手公園ソレイユの丘」[8]として運営されている。他方，都市公園コンセッションの例は2016年1月現在，見当たらない。これ

第7章　PFIとの連携　111

は,「良好な都市環境を提供します。都市の安全性を向上させ, 地震な
どの災害から市民を守ります。市民の活動の場, 憩いの場を形成しま
す。豊かな地域づくり, 地域の活性化に不可欠です[9]」と表現される都
市公園の役割の公共性と, コンセッションフィーの徴収を前提とする
コンセッションとの, 親和性の低さが一因と考えられる。もっとも
2014年度に, 豊洲埠頭に新たに整備される豊洲埠頭内公園等(東京都
江東区)の事業スキームとして公共施設等運営権, 指定管理者制度, 設
置管理許可制度, PFIが比較検討された経緯があるほか[10], 同年度には
玉野競輪場に隣接する日之出公園(岡山県玉野市)の臨時駐車場用地を
活用して全天候型自転車競技場を整備する事業スキームとして公共施
設等運営権が検討されるなど[11], 複数の具体的な都市公園コンセッショ
ンがすでに検討段階に入っている。都市公園コンセッションの射程
が, 従来のPFI都市公園と同様に, 公園内の個々の施設にとどまるの
かあるいは広がりを見せるのかという点を含めて, 展開を見守りたい。

2　都市計画とPFI図書館——桑名市立中央図書館を例に
■ はじめに

　PFI法2条3号は「公共施設等」の1つに「教育文化施設」を挙げて
おり, 教育文化施設には図書館が含まれるため, 図書館もPFI事業の
対象となる。もっとも, 公共図書館業務は収益が見込まれないので,
PFI図書館との関連で論じられるPFIとはもっぱら, サービス購入型
PFIを意味する。つまり地方公共団体が, PFI事業者との建設費の長
期分割払い契約やPFI事業者からサービスを購入する契約などを結ぶ
ことになる[12]。

　本章では, 日本で最初のPFI図書館である桑名市立中央図書館の協
力の下, 2015年2月26日に同図書館で実施したヒアリング調査[13]から得
られた知見を紹介したい。

■PFI図書館設立の背景——伊勢湾台風から「第4次桑名市総合計画」まで

　桑名市は，2004年12月の市町村合併（当時の桑名市，多度町，長島町）[14]により，人口約14万人，面積約136.7キロ平方メートルとなった，三重県の北端に位置する名古屋のベッドタウンである。木曾三川（木曾川，長良川，揖斐川）の河口に位置し古くから交通の要衝だった桑名は，室町時代には「十楽の津」として，江戸時代には東海道の宿場である桑名藩の城下町，さらに「七里の渡」をもつ湊町として大いに栄えた。

　桑名市立中央図書館の前身である桑名市立図書館は，戦災の残る1947年に旧図書館法による設立認可を受け，1951年に旧桑名市役所北庁舎内に閲覧室を設け，貸出業務を開始した。1957年には新図書館法による桑名市立図書館設置条例を設けて蔵書の充実に努めたものの，1959年の伊勢湾台風によって多くの蔵書を失う[15]と共に閉館を余儀なくされた。1960年に業務は再開されたものの，図書館らしい体裁が再び整ったのは，現市役所に隣接する旧市役所庁舎内に移転した1973年のことだった。

　他方，教育文化施設の老朽化が進んだ桑名市では，1989年に「桑名市中心市街地整備構想」の下，公共サービスの拠点として桑名駅前の整備に取り組むことになった。さらに，1998〜2007年の「第4次桑名市総合計画」[16]策定に際しての市民アンケートでは，図書館建設の要望が最も高かった。そこで同計画は，図書館について「総合的な生涯学習施設の拠点として施設の機能・内容等を協議し，乳幼児から高齢者まで自ら学べる施設づくりの建設に向けて努力します」と位置づけると共に，効率的な図書館運営についての検討も始まったのである。なお1997年には，図書館建設を前提として，桑名駅から徒歩5分の鋳物工場跡地が先行取得された。[17]

第7章　PFIとの連携　113

■ PFI図書館設立の経緯

　折しも世界では，1992年にイギリスで生まれたPFIが，欧米各国やオーストラリア，韓国などで導入されつつあった。中でも，イギリスのサッチャー（Margaret Hilda Thatcher, 1925-2013）政権の影響を強く受けたアメリカのレーガン（Ronald Wilson Reagan, 1911-2004）政権の下では1980年代から民営化が進み，クリントン（William Jefferson "Bill" Clinton, 1946-）政権下の1997年に，公立図書館の民営化が本格化した。[18]

　桑名でも1999年に「桑名市PFI推進検討会」が設置された一方で，[19]同年には国レベルのPFI法が制定され，2000年の「新・桑名市行政改革大綱」ではPFIを行財政改革の一環として位置づけると共に，図書館を中心に，保健センター，勤労青少年ホーム，多目的ホール，生活利便サービス施設，駐車場，駐輪場から成る複合施設の検討が決まった。同年から2001年にかけてはPFI導入可能性調査が行われたが，図書館を含む複合施設のPFI事業は前例がないため困難を伴った。[20]この調査結果を踏まえて，2001年に桑名市図書館等複合公共施設特定事業提案審査委員会が設置され，実施方針公表→特定事業選定→入札公告→入札（提案書提出）という一連の流れを経て，2002年には応募者6グループ中，鹿島グループのSPC（英 Special Purpose Company, 特別目的会社。ここでは「PFI事業会社」を意味する）である桑名メディアライヴ株式会社が落札者に決定した旨が公表された。[21][22]

■ PFI図書館の概要

　2002年にPFI事業契約となる「桑名市図書館等複合公共施設整備事業契約」が締結され，2004年の条例制定の下，開業した「くわなメディアライヴ」の3階・4階部分に「桑名市立中央図書館」は新設開館した。同図書館の特徴は，日本で最初のPFI図書館であると共に，PFI図書館の中で唯一，BTO（英 Build Transfer Operate）方式を採用して

114　第Ⅲ部　都市計画の展望

いる点にある。日本では，一般的な公立図書館の整備事業の大半が
BTO方式を採用する反面，PFI図書館の整備事業はBOT（英 Build
Operate Transfer）方式を採用する例がほとんどである。BTO方式につ
いては，リスク移転や業績連動払いなどによってVFMを実現しよう
とするPFIとは整合性を欠くとの指摘がある[23]。もっとも，2011年およ
び2013年のPFI改正がコンセッションすなわち“BTO方式を採用する
独立採算型PFI”を強く志向するものであることを考慮すると，PFI
図書館が“BOT方式を採用するサービス購入型PFI”である必然性は
なく，桑名市立中央図書館のような“BTO方式を採用するサービス購
入型PFI”のPFI図書館の開館も今後はありうるだろう。

　桑名市におけるPFI図書館事業による削減数値は，建設費16億7000
万円，図書館運営費6億5000万円，維持管理・修繕費6億1000万円な
どで，事業全体では21億5200万円（約22％）の削減効果となった。なお，
総事業費は116億4000万円である。事業期間は30年間で，桑名市にとっ
てはこの間，図書購入費と人材・人員を確保できることが最大のメ[24]
リットとなる。2015年2月現在，くわなメディアライヴと桑名市立中
央図書館の概要は次のとおりである。

くわなメディアライヴ

1	中央図書館	3階・4階	約3100㎡
2	中央保健センター	2階	約1600㎡
3	勤労青少年ホーム[25]	2階	約400㎡
4	多目的ホール	1階	約700㎡
5	生活利便サービス施設（タリーズコーヒー）[26]	1階	約200㎡
6	託児施設（プレイルーム）	1階	約90㎡
7	駐車場[27]		38台
8	駐輪場[28]		120台

（敷地面積　約3200㎡，延床面積　約8150㎡）

- **事業範囲**（事業名「桑名市図書館等複合公共施設特定事業」）……(1)図
書館等施設整備業務，(2)図書館等施設維持管理業務，(3)図書館

運営業務, (4)市への床賃貸業務, (5)生活利便サービス施設運営業務, (6)所有権移転業務

これら6つの事業に加えて, 実際の業務として, 関係者協議会の設置や消防法への対応などが含まれる。

桑名市立中央図書館

- 蔵書数……約32万2000冊 (図書約30万8000冊, 雑誌約9000冊, 視聴覚資料約5000点)
- 延床面積……3169.06㎡
- 開館時間……午前9時〜午後9時
- 休館日……水曜日, 年末年始, 特別整理期間 (年間開館日数300日以上)

「いつでも, どこでも, だれでも利用できる図書館」を基本理念とする桑名市立中央図書館が, PFI手法を導入したメリットとして挙げたのは次の3点である (以下, 配布資料の原文のまま)。

「1. 図書館運営に多数のスタッフを投入し, フレックス体制でサービス提供が可能なため, 開館時間, 開館日数の大幅増が実現。

2. オートライブや自動貸出機等最新設備を建物設計時に組み込むことができ, 図書の貸し出し・返却が短時間で済むため, 大きく市民サービスが向上し, また後付けに比較して大幅なコストダウンができた。

3. 市とPFI事業者の協働が実現。

　①レファレンス (特に郷土史料) に関する研修

　②小・中学校への出前講座 (H18年度から「学校への司書派遣事業」)

　③郷土史料・行政資料の収集・整理

　④「桑名市調べる学習コンクール」の実施

　⑤「昭和の記憶」(桑名の昭和時代の記録・保存事業)

⑥郷土史料のデジタル化とインターネット公開」

■ PFI図書館の課題

　桑名市立中央図書館への利用者からの評判は非常に良いが，開館10周年を迎えてPFI図書館ならではの課題もいくつか見えてきた。まず，30年間[29]という長期契約の中で起こりうるさまざまなリスクや変化に，どのように対処していくかという点である。桑名市では，公募のモニター（1期5名，任期半年）を採用して公平なモニタリングに努めるほか，PFI事業者のモチベーション維持のため，運営業務のサービス対価を利用者の増減によって変更している。つまりPFI事業者は，利用者が多いと多くのサービス対価を得られるが，利用者を多くする努力をしないと最低の対価しか得られないことになる。なお，新事業を始める場合は業務要求水準の変更となるため，PFI事業者と桑名市の間で再協議が必要になる。30年間の契約終了後の施設運営が未定であること[30]に加えて，施設の老朽化も懸念される。

　次に，選書の健全性の維持をどのように図るかという点である。桑名市では，PFI事業者のうち図書館流通センター（TRC）が選書を行い，市の決定を受けてTRCが購入することになっている[31]。そこで，学識経験者や公募市民を含む図書等選定審査委員会を設置し，毎月1回のペースで選書の審査を行っている。

　最後に，近年増加傾向にある指定管理者制度を導入した公立図書館と，どのように連携していくかという点である。桑名市には市立図書館として，PFI図書館である桑名市立中央図書館の他に，市町村合併によって加わった「ふるさと多度文学館」と「長島輪中図書館」がある。3館のデータベース統合が当面の課題だが，ふるさと多度文学館と長島輪中図書館の2館については指定管理者制度の将来的な導入も検討されている。指定管理者制度の導入が進んだ場合について，ヒア

第7章　PFIとの連携　117

リング調査からは，PFI図書館との情報交換ができなくなることに対する不安のほか，図書館業務に関する知識の蓄積が行政（＝桑名市）側から失われることへの強い懸念が明らかになった。

　こうした課題に加えて今後は，個人情報保護との関係も考える必要があるだろう。公立図書館には個人情報保護関連５法の義務規定は適用されず，地方公共団体の個人情報保護条例が適用されるが（図書館法10条），「行政資料の閲覧に許可が必要になるとは，10年前には思ってもみなかった」とのヒアリング調査での回答が示すように，PFI図書館の現場への一定の配慮も望まれる。

〔註〕
1）　久末弥生「PFI・国公有財産有効活用」髙木光＝宇賀克也編『行政法の争点（新・法律学の争点シリーズ８）』（有斐閣，2014年）234頁。
2）　オリックスHP http://www.orix.co.jp/grp/news/2015/151215_ORIXJ2.html（最終閲覧日2016年１月27日）。
3）　空港コンセッションをめぐる最近の動向については，野村宗訓「空港民営化と地域振興政策」長峯純一編『公共インフラと地域振興（関西学院大学産研叢書）』（中央経済社，2015年）222頁以下が詳しい。
4）　「VINCI AIRPORTS 2014年度活動報告書（Rapport d'activités 2014）」http://www.vinci-airports.com/sites/vinci-airport.fr/files/rapport_activite_vinci_airports_2015.pdf（最終閲覧日2016年１月27日）。
5）　久末・前掲注１）237頁。
6）　久末・前掲注１）235頁。
7）　国土交通省 HP「公園とみどり——PFI事業の推進」http://www.mlit.go.jp/crd/park/shisaku/ko_shisaku/kobetsu/pfi.html（最終閲覧日2016年１月27日）。
8）　長井海の手公園ソレイユの丘HP http://www.seibu-la.co.jp/soleil/（最終閲覧日2016年１月27日）。
9）　国土交通省 HP「公園とみどり——都市公園の役割」http://www.mlit.go.jp/crd/park/shisaku/p_toshi/yakuwari/index.html（最終閲覧日2016年１月27日）。
10）　検討の結果，指定管理者＋設置許可を想定することになった。国土交通省HP「豊洲埠頭内公園等管理運営事業に係る調査（対象箇所：東京都江東区）」http://www.mlit.go.jp/common/001088338.pdf（最終閲覧日2016年１月27日）。
11）　BT（英 Build Transfer）＋管理許可＋公共施設等運営権方式が検討された。国土交通省HP「公共施設等運営権を活用した公園施設整備等事業の事業化検討調

査（対象箇所：岡山県玉野市）」http://www.mlit.go.jp/common/001088360.pdf
（最終閲覧日2016年1月27日）。

12) 塩見昇＝山口源治郎編著『新図書館法と現代の図書館』（日本図書館協会，
2009年）237頁。サービス購入型PFI図書館の導入初期には，「庁舎清掃や警備の
入札と同じ発想で，ひたすら人件費の節約をねらっている」との批判もあった。
日本図書館情報学会研究委員会編『図書館を支える法制度（シリーズ・図書館情
報学のフロンティア No.2)』（勉誠出版，2002年）99頁。

13) ヒアリング調査は，桑名市立中央図書館から安田憲一氏（桑名市立中央図書館
館長），城田芳之氏（桑名市教育委員会，くわなメディアライヴ事務局総合館
長），山田美穂氏（桑名市立中央図書館，くわなメディアライヴ事務局）の3名
の協力の下，大阪市立大学から筆者，水上啓吾氏（大学院創造都市研究科准教
授），南畑早苗氏（大学院創造都市研究科博士課程1年，議事録担当），長瀬康
博氏（大学院創造都市研究科修士課程1年）の4名によって実施された（所属は
当時のもの）。

14) 2000年当時の桑名市は，人口約11万人，面積約57キロ平方メートルだった。

15) この経験が，桑名市立中央図書館4階に温湿度管理の整った郷土資料室「歴史
の蔵」を設け，古文書の「秋山文庫」「伊藤文庫」，民俗分野の「堀田文庫」など，
郷土に関する貴重な資料を収集・収蔵することにつながった（ヒアリング調査
での回答より）。

16) 安藤友張編著『図書館制度・経営論——ライブラリー・マネジメントの現在
（講座・図書館情報学③）』（ミネルヴァ書房，2013年）161頁。

17) 足踏みミシンやマンホールを製造していた工場が，東南アジアに移転した。
自転車でのアクセスの良さも重視された（ヒアリング調査での回答より）。

18) カリフォルニア州のリバーサイド・カウンティ図書館システムが，LSSI
(Library Systems & Services) 社と経営サービスについて契約を結んだことが
契機になった。ジェーン・ジェラード＝ナンシー・ボルト＝カレン・ストレッ
ジ著，川崎良孝訳『図書館と民営化——Privatizing Libraries (KSPシリーズ
17)』（京都図書館情報学研究会，2013年）7頁。なお，アメリカでは公立図書館
の民営化について，「民間資金導入がいったん本格的に始まり，かなりの額の寄
付が公共図書館に提供され始めると，それはサービスの質を高め経済的基盤を
強化することはできるが，公共図書館の必要性に対する地方自治体の意識を低
下させることがある。……寄付を受けている公共図書館は，将来の財政に向け
『独力で』まかなう道の第一歩を踏み出すことになったといえるだろう」との分
析が，1980年代にすでになされていた。バーナ・L・パンジトア著，根本彰＝小
田光宏＝堀川照代訳『公共図書館の運営原理』（勁草書房，1993年）74頁。

19) 当初からくわなメディアライヴ事業のために設置されたもので，他の対象事
業はない。将来的には，新規の対象事業として，BTO方式を採用する独立採算
型PFIの健康推進施設なども検討している（ヒアリング調査での回答より）。

20) VFM調査が中心だった（ヒアリング調査での回答より）。この点について，イ

第7章 PFIとの連携 　119

ギリスと異なり財政的費用対効果が中心となり質的内容的効果は軽視されがち
であるとして，桑名事例に対する批判もある。大澤正雄『公立図書館の経営〔補
訂版〕（図書館員選書・21）』（日本図書館協会，2005年）155〜156頁。また，PFI
事業者の選定基準は本来，その施設のサービス内容の提案に対する評価の比重
を高くすべきだが，実際には「購入費」の比重が高く，結果として最も安い提案
を選定することになるとの指摘もある。塩見＝山口編著前掲・注12）237頁。

21)　構成会社は，鹿島建設名古屋支店，図書館流通センター，積村ビル管理，
UFJセントラルリース，佐藤総合計画，三重電子計算センターの6社，協力会
社は，水谷建設，かき藤空調，イワタ，新日本空調，日本ファイリング，パナ
ソニックSSマーケティング，ロイヤルファニチャーコレクションの7社である。

22)　審査の明暗を最終的に分けたのは，図書館運営事業者の設計への関与の度合
いだったとのと分析がなされている。文部科学省HP「新しい形の図書館—PFI—
（三重県桑名市立中央図書館）」http://www.mext.go.jp/a_menu/shougai/tosho/
houkoku/06040715/016.htm（最終閲覧日2016年1月27日）。

23)　安藤編著・前掲注16) 160頁。

24)　民間事業者職員25名のうち，90％が司書資格を有している現状にある（ヒアリ
ング調査での回答より）。

25)　勤労青少年の減少に伴う利用減により，2015年度末で閉鎖。なお，同ホー
ムは平日夜間開館のため，日中と土日祝日は学生・生徒の勉強室として図書館
と共用しており，特に高校生に多く利用されている（ヒアリング調査での回答
より）。

26)　独立採算で運営されており，桑名市は関与しない。

27)　鋳物工場跡地を活用した，ピロティ式。

28)　開業当初はすべて駐車場だったが，市民からの要望に応じて，一部を駐輪場
に変更した（ヒアリング調査での回答より）。

29)　日本のPFI図書館の契約期間は15〜30年の間で幅があり，桑名市立中央図書
館は30年間である。

30)　PFIから，指定管理または業務委託に変わる可能性が高い（ヒアリング調査で
の回答より）。

31)　年間予算は2000万円である。図書は必然的にTRC本社がある東京都内での調
達となるが，雑誌については桑名市内の地元企業から購入している（ヒアリン
グ調査での回答より）。

〔参考文献〕
　本文中のほか，
桑名市立図書館編「平成26年度桑名市立図書館概要」（配布資料）
桑名市／桑名メディアライヴ株式会社編「くわなメディアライヴ」（配布資料）

糸賀雅児＝薬袋秀樹編集『図書館制度・経営論（現代図書館情報学シリーズ2）』（樹村房，2013年）

氏家和正「PFIと図書館経営」大串夏身編著『図書館の活動と経営（図書館の最前線5）』（青弓社，2008年）

後藤敏行『図書館の法令と政策』（樹村房，2015年）

新保史生『情報管理と法──情報の利用と保護のバランス（ネットワーク時代の図書館情報学）』（勉誠出版，2010年）

[資料] フランス海外領土における遺伝資源に関連する伝統
的知識の保護管理制度

1 はじめに

　複数の海外領土をもつフランスは，海外領土の豊かな遺伝資源に関
連する伝統的知識（英 traditional knowledge: TK. 以下「TK」という）の供
給国であると同時に，他国の遺伝資源に関連するTKの利用国でもあ
る。こうした両面性ゆえにフランスでは，名古屋議定書への署名直後
から，遺伝資源（英 genetic resource）へのアクセスと利益配分（英 Access
and Benefit Sharing: ABS. 以下「ABS」という）に関する調査・研究が積極
的に行われてきた。

　2010年10月の生物多様性条約（英 Convention on Biological Diversity:
CBD. 以下「CBD」という）第10回締約国会議（COP10）で採択された名古
屋議定書（英 Nagoya Protocol）[1]は，ABSをめぐる各国の動きに大きな
影響を与えた。ABSの実施に際しては，遺伝資源に関連するTKの保
護管理制度が重要な役割を果たすことになる。名古屋議定書に署名し
た各国の中には，遺伝資源に関連するTKの保護管理制度の確立を目
ざして国内措置の検討に入った国もいくつかあるが[2]，フランスもこう
した国の1つである。

　フランスでは，「ABS」は「APA」（l'accès et le partage des avantages:
APA）と呼ばれており，2013年内に提出される生物多様性についての
枠組み法案の中で，名古屋議定書の批准書類も示されることになって
いた。2011年9月には，APA調査・研究の集大成である『遺伝資源お
よび遺伝資源に関連する伝統的知識についての，海外領土におけるア

122　第III部　都市計画の展望

クセスと利益配分に関する措置の妥当性および実現可能性（Pertinence et faisabilité de dispositifs d'accès et de partage des avantages en Outre-mer sur les ressources génétiques et les connaissances traditionnelles associées）[3]』と題された総330頁の調査報告書が，エコロジー・持続可能な開発・運輸・住宅省（Ministère de l'Écologie, du Développement durable, des Transports et du Logement: MEDDTL. 以下「持続可能な開発省」という）と生物多様性研究基金（Fondation pour la recherche sur la biodiversité: FRB. 以下「FRB」という）の共同研究の成果として公表された。この調査報告書がフランスの批准書類の土台になっていることから，抄訳を試みながら概要を見ていきたい。

なお，本書ではフランスの行政区分に従って，"outre-mer"に「海外領土」，"départements d'outre-mer: DOM"に「海外県」，"territoires d'outre-mer: TOM"に「海外自治領」の訳語を当てることにする。

2 APA調査報告書『遺伝資源および遺伝資源に関連する伝統的知識についての，海外領土におけるアクセスと利益配分に関する措置の妥当性および実現可能性』（2011年9月14日公表）の概要（抄訳）

＊太字強調は，原文のまま。

● 背　景

フランスでは今日，APAについて，いくつかの海外領土で検討されてはいるものの，国土全体をカバーする一般的な枠組みが存在しない。この法的な欠如は，生物多様性ゆえに多くの研究活動や開発活動が生じる海外領土で特に深刻である。

こうした背景の下，持続可能な開発省は，生物多様性のための国家戦略（stratégie nationale pour la biodiversité: SNB）[4]や2006年の海外領土アクションプラン（plan d'action outre-mer de 2006）にも加わりながら，2009年11月に海外領土におけるAPA調査実施のための提案を募集開

始した。そこで調査実施機関として選ばれたのが，学際的かつ多数の当事者たちによる評価を提案したFRBだった。

• FRBの研究方法

研究方法として，3つの段階を用意する。すなわち，書誌の分析，事例研究（ギアナ，ニューカレドニア，仏領ポリネシア），海外領土におけるAPA措置に関する提案である。FRBは11名の専門家たち（人類学，生物学，法学，経済学）による委員会を設置した。また，フランス本土および海外領土の約100名の当事者たち（研究団体，企業，議員，原住民・地域社会）を動員して，彼らの協力や，より良い成果を得ようとする。

書誌の分析

海外県・海外地域圏（départements et régions d'outre-mer: DROM），海外地方自治体（collectivités d'outre-mer），ニューカレドニアの地方自治体は，フランスが結ぶ国際的な契約であるCBDに関与されるので，APAについての議定書の用語も関与される。

本国と海外領土の間の管轄（compétences）の配分は，契約の実施において決定的に重要な要因となる。例えば，本国は海外領土全体に適用可能なAPA措置を採用することができない。本国は，フランス南極大陸・南極圏領土（TAAF），5つの海外県・海外地域圏（ギアナ，グアドループ，マルティニーク，レユニオン，マイヨット[5]），サン・マルタン，サン・ピエール・エ・ミクロン，クリッパートンを管轄する。他方，ニューカレドニア，フランス領ポリネシア，サン・バルテミー，ワリス・エ・フトゥナは，それぞれ固有のAPA措置を採用できる。

海外領土に既存のAPA措置・実施

➤ **ギアナ・アマゾン公園[6]**：環境法典L.331-15-6条（国立公園に関する2006年4月14日法より）。ギアナ地方議会は，議会の一致した見解や公園の公施設の協議[7]を経てアクセスを許可する，管轄当局であ

る。措置の様式は，さらに定義されなければならない。2012年末から採用される公園憲章が，APAの大きな方向づけを描くことになるだろう。今日，利用者について，適切な行動に関する法案が提案されている。

▷ **ニューカレドニア南部**：ニューカレドニア南部に関する環境法典311-1条以下に編さんされた，生化学資源および遺伝資源の採取と利用に関する2009年2月18日の2009-06議決。

▷ **フランス領ポリネシア**：今日において別枠の，2006年に始まったAPAについての実施方法。場合に応じて，APAを枠にはめるための実施がすでに存在する。外国の研究者たちは，研究を行うための受け入れに関する手引書（protocole）を地方当局から得ることができる。さらに，求められている資源の性質（地域的特性）や利用によってもたらされる利益の可能性に応じて，フランス領ポリネシアと外国の利用者たちの間で契約が結ばれる。

事例研究

ギアナ，ニューカレドニア，フランス領ポリネシアは，海外領土で見られる状況を象徴する見本であるが，網羅的ではない。委員会の専門家たちによってAPAという新たな使命がもたらされた際に，約100名の当事者たちは，APAに関する実施や期待について質問を受けた。

当事者たちからの強い要請：

■**行政機関・政治機関**：アクセスの許可を根拠づけるための法的根拠を整える。資源の利用を追跡し，管理する。利益配分を享受する。

■**研究機関**：特に原住民・地域社会に対して，法的安全性や，簡単かつ枠にはめられたアクセスを整える。地域の当事者たちとの信頼・協力関係を促進する。

■**企業**：企業活動を発展させるために，法的安全性を整える。利用対

象資源の取得に関して，法律適合性の保護を得る。

■《原住民・地域社会》(議定書の用語) は，知識から生じる彼らの環境と緊密に関連している。遺伝資源の利用に関連する彼らのTKの認識。利益配分。

　これらの当事者たちは困難に直面している：当事者たちを一体化することが，彼らとの合意，信頼関係の確立，要請を伝えたり従ったりする方法の結集を生み出す。

| 海外領土におけるAPA措置に関する提案 |

　提案，場合によって代替案は，ぶつかり合う当事者たちの懸念を示しつつ，名古屋議定書に基づく3つの重要な方針について構築される。

1．適用範囲

　名古屋議定書に基づき，適用範囲は，遺伝的合成物 (遺伝の機能的単位) や遺伝資源の生化学的合成物のようなものを意味する**遺伝資源**を対象とする。

特別な場合：

■人的遺伝資源および国の管轄外 (公海) の遺伝資源は除外される。

■議定書 (4-4条) は，特別なAPA制度によってカバーされる遺伝資源は適用範囲に含まれないと想定する。これは，**食料農業植物遺伝資源条約 (ITPGR) の附属書1に記載されている植物遺伝資源**の場合で，それらの利用が農業あるいは食物の時である。[8] 食料農業遺伝資源は，食品安全のための性質や役割を与えられながら，APA措置の枠組み内で**特別な考慮および解決策**を享受する (8c条)。

■人，動物，植物の健康にとって脅威である場合には，病因となる遺伝資源について**迅速なAPA手続**が可能である (8b条)。

■議定書は**遡及的ではない**ので，発効前に既得の遺伝資源をカバーし

ない（例えば，既存の特定の遺伝資源）。

　適用範囲は，**遺伝資源の利用に関する概念によって明確にされる。**議定書は特に定義していないが，《研究・開発活動》を目ざしている。このことは，遺伝的合成物や遺伝資源の生化学的合成物をもたらす研究・開発に関するすべての活動等から理解できる。

　議定書（8 a条）に関しては，調査から 2 つの選択肢を提案する：適用のための微妙な区別基準に立脚することにはなるが，特定の研究についてアクセスを容易にすることを伴う，**営利的研究と非営利的研究の間の手続の二元性。**あるいは，効果的な管理や追跡の方策を含む簡単で迅速な，**研究・開発活動全体についての独自の手続。**

　適用範囲は，**遺伝資源に関連するTKも支える。**CBDおよび議定書によると，伝統的生活様式に体現され，かつ原住民・地域社会が保有するTKに関係がある。この概念を定義することや，関連する地域社会と彼らが《保有者》であるTKの間に法的関係を確立することは困難を引き起こす。しかし，地域社会がAPA措置に参加できるには，この関係が必要である。世界知的所有権機関（WIPO）で目下，議論されている，遺伝資源に関連するTKの保護に関する 2 つの方針が，調査において考慮される：知的所有権の効力の修正やデータベースの設置を伴う，《**防御的（défensive）》保護。**そして，これらの知識についての権利を認めてそれらの特性を考慮する，**専用の制度を伴う，《実際的（positive）》保護。**

　議定書は遡及的ではないし，すでに拡散したTKは適用範囲に含まれない。可能な方策として，**すでに公表された知識を保有する原住民・地域社会に対して，利用者の活動に関する情報が提供されるかもしれない。**

2．関係当事者たち

議定書は，遺伝資源の提供国と利用国，関連するTKの保有者である原住民・地域社会を対象とする。国レベルにおいて利用者や提供者とみなされる人々を明確にすることが，各国の責任である。

調査によると：

■**利用者**とは，組織や経済面において公的部門や民間部門の研究者たちで（例えば，薬学，バイオテクノロジー，化粧品，農産物加工業，園芸といった部門），国籍をもつ者。

■**提供者**とは，関連する原住民・地域社会のように，遺伝資源へのアクセスの許可や利益配分の享受について資格を与えられる公的あるいは民間の人々。

管轄当局と海外領土の代理人

管轄当局は，出所である知識へのアクセスを許可し，尊重されてきたアクセスおよび利益配分に関する条件を同等に保証する許可証あるいは文書を交付する（13条）。海外領土のために**地域の特性**を考慮しながら，管轄当局の指示が，**手続を最大限に調和させること**（《ダンピング》や地方自治体間協力に対する障壁のリスクの管理，方法の分散）や，人間・科学技術の**能力**を最大限にすることを保証する措置の中に組み込まれなければならない。

調査の勧告に従って管轄当局は，**業務間任務**，あるいは独自の窓口のように影響力をもち受取人側全体を代表する**適切な業務機関**の形態を，適切な領土レベルで具体化するだろう。

議定書はまた，APA手続について利用者に情報を提供する責任を負う，国の代理人を任命することも想定する（13条）。フランスの制度的独自性を考慮すると，**各海外領土を代表するAPA代理人たち**は，国の代理人とのネットワークの中で活動するよう任命されるだろう。

地域社会および他の関係当事者たちの参加様式

　議定書は，2つの場合に原住民・地域社会の参加を想定する：彼らが保有者である遺伝資源に関連するTKへのアクセス（7条）と，アクセスを認める旨を定める法を国の立法によって彼らがもつ場合，その措置による遺伝資源へのアクセス（6条）[9]。

　2000年の海外領土についてのオリエンテーション法律において言及されているにもかかわらず，原住民・地域社会はフランスで定義されていない。従って，この概念に基づいて海外領土で実際に徴収するよう定めることは難しい。但し，ニューカレドニアやギアナでは，土地の権利あるいは共同利用権が，それぞれの地域社会を基礎にして与えられてきた。しかし，彼らの代表性は各領土レベルで扱われなければならないし，原住民・地域社会との協議なくして行われてはならない。

　フランスにおける遺伝資源に関する法的状況もまた，考慮されなければならない：こちらについては，法の現状において特有の制度を享受せずに，財産に関する慣習法の欠如を受けての調査に原住民・地域社会は応じることになる。このように，遺伝資源へのアクセスは個別の私人たちに関わる可能性があるし，個別の私人たちは資源収集のために彼らの財産へのアクセスを許可するように，また提供者としてAPA手続に参加するように導かれる可能性がある。

3．アクセスと利益配分の手続と，管理

　争点は，アクセスと利用や利益配分の追跡を準備する旨を，提供者に許可することである。また，利用者については，妥当な期限内に，安全で簡単なアクセスを保証しながら彼らの製品を良い方向に導くことである。CBD目標において協力し合う研究・開発活動や，企業による地域経済の段階的な開発を妨げないことが重要である。利用者は，提供者と同様に，APA措置の練り上げ作業やモデル契約条項に

関与させられなければならない。

アクセスの許可

　利用者は，対象資源，検討される利用，さらには期待される利益について，秘密保持を条件として，情報の基本要素を管轄当局に提供しなければならない（17条）。その要請は，予め定められる基準に従って評価される（例えば，その領土にとっての利益）。アクセスの許可は，CBDのAPA情報交換センター（Centre d'échange pour l'APA）[10]に記録され（14条），それから国際的に認められた遵守の証明書となる。

　管轄当局が遺伝資源の利用を**追跡・管理**できるように，調査は**情報**に関する義務を提案する：利用条件の重要な変更（第三者への譲渡，新たな利用等）がある場合に，簡単な（段階の報告）あるいは予めの情報提供義務。

利益配分

　利益配分は，アクセスの要請時に，提供者と利用者の間の**相互合意条件**（英 mutually agreed terms: MATs ）に従って実施される（5条）。それらは利益の性質や配分の様式を特に定め，アクセスを許可するか否かという提供者の選択において重要な要素を構成する。

　特に，配分が可能なタイプの利益や暫定的な様式の場合，APA措置がいくつかの**重要なポイントを枠**にはめることで，結果の不確実性を削減できる。調査によると，計画の実現を妨げないようにするためには，相互合意条件の中で結果や将来の利益についての不確実性が考慮されなければならない。

　利用者は，**即時にあるいは将来，金銭的利益・非金銭的利益**になる可能性のある利益の配分を課される。最後に，もし特定の研究が通貨的な利益に全く到達しなくても，そのことは利益が全く欠如すること

130　第Ⅲ部　都市計画の展望

を意味しない（研究の協力，育成等）。

追跡・管理の方策

　遺伝資源の利用に関する透明性を追跡し保証するために，議定書は，情報をまとめるか集めるよう導かれるかもしれない**チェックポイントを指定する可能性**を想定する（17条）。調査によると，**研究資金調達システム，製品の商品化を許可するシステム**，さらには（行政面，財政面等の）権限を割り当てられた**知的所有権**に関する官公庁が重要である。他の手段もまた，検討される可能性がある：例えば，**研究・開発の仕事の警備，あるいは特許**に関する官公庁が参照できるTKの登録簿の作成。

●結　　論

　専門家委員会の作業は，3つの海外領土（ギアナ，ニューカレドニア，フランス領ポリネシア）での会議によって強化され，本国ではAPA措置によって大勢の関係当事者たちが名古屋議定書の枠組みに加えられる。もし，**APA措置の目標が，遺伝資源へのアクセスを準備して海外領土における利益の公正かつ衡平な配分のための枠組みを提供する**ことであるならば，それはまた，**実用化されなければならないし，CBD目標や国土開発に向けて協力する研究・開発活動を妨げてはならない。**

　海外領土におけるAPA措置についてフランスで実施されたこの最初の調査は，争点の複雑さを示す。提案は，その段階で影響が予測できない活動のために道筋を開き示す。**この事前の段階はまた，すべての関係当事者たちを伴った適用および試験的な実用化段階を必要とする。**その作業は，個々のポイント（例えば，既存の遺伝資源，遺伝資源に関する規定，原住民・地域社会の参加様式）を示す可能性があるし，海外

第7章　PFIとの連携　131

領土におけるAPAに関する重要な当事者たちを直接，参加させながら実現されなければならない。

結局，それらの争点に答えるために必要な手段を結集して使うかもしれない全段階に対して願望を提起し直すこのような措置の実現可能性は，措置自体が前進させるのである。

3　フランスにおける遺伝資源に関連するTKの保護管理制度の展望

このように，2011年9月公表のAPA調査報告書『遺伝資源および遺伝資源に関連する伝統的知識についての，海外領土におけるアクセスと利益配分に関する措置の妥当性および実現可能性』は，遺伝資源に関連するTKの供給国であり利用国でもあるという両面性をもつフランスならではのバランス感覚が生かされた内容となっている。ところで，名古屋議定書が言及するPIC[11]には，各国の法制度に基づく政府レベルのものと，慣例や伝統に基づく地域社会レベルのものがあると考えられる。このうち後者について，詳細かつ具体的な提案を展開しているのが本報告書の特長と言えるだろう。この点を含めて，フランスにおける遺伝資源に関連するTKの保護管理制度の方向性を見極めるためにも，2016年に国会を通過予定とされる「生物多様性，自然，景観の回復のための法案（Projet de loi pour la reconquête de la biodiversité, de la nature et des paysages）[12]」の動向に注目したい。

〔註〕
1）　正式名称は，「生物の多様性に関する条約の遺伝資源の取得の機会およびその利用から生じる利益の公正かつ衡平な配分に関する名古屋議定書（英 Nagoya Protocol on Access to Genetic Resources and the Fair and Equitable Sharing of Benefits Arising from their Utilization to the Convention on Biological Diversity）」である。
2）　最近ではスイスが，国内措置の検討を経て，2013年12月3日に名古屋議定書に批准した。詳しい経緯は，久末弥生「スイスにおける遺伝資源に関連する伝

統的知識の保護管理制度」『季刊経済研究』第35巻 1・2 号（大阪市立大学経済研究会，2012年）1 頁以下参照。

3） 原文は，http://www.developpement-durable.gouv.fr/IMG/pdf/ED48.pdf（最終閲覧日2016年 1 月27日）から参照できる。

4） CBDの採択後，ヨーロッパ各国は生物多様性を促進するための独自の国家戦略を打ち出している。フランスは2004年から公共政策全般に生物多様性概念を取り入れてきたが，2010年の名古屋議定書採択を受けて（2010年には，生物多様性のための国家戦略の最初の段階が終了した），2011年 7 月に「生物多様性のための国家戦略2011-2012」を公表した。詳しい内容は，久末弥生『食料農業植物遺伝資源条約（ITPGR）とフランス国内法政策──生物多様性への法的アプローチ」『季刊経済研究』34巻 1・2 号（2011年）8～9 頁参照。

5） ギアナ，グアドループ，マルティニーク，レュニオンの 4 つは，DOMである。

6） ギアナ・アマゾン公園を取り巻く動向と課題の詳細は，久末弥生『フランス公園法の系譜（OMUPブックレット No.42）』（大阪公立大学共同出版会，2013年）22～27頁参照。

7） フランスの国立公園管理は，国レベルの公施設である「フランス国立公園（Parcs nationaux de France）」という行政的公施設を構成する，各公園レベルの10の公施設（2013年現在）に委ねられる。久末・前掲注 6） 23～24頁。

8） 条約附属書 1 （Annex 1）が掲げる作物35種および飼料29属の計64項目は，「クロップリスト」と呼ばれる。具体的な項目は，次のとおりである。作物35種として，パンノキ，アスパラガス，エンバク，ビート，キャベツ等（ナタネ，ハクサイ，キャベツ，ブロッコリー，カリフラワー，コールラビ，ツケナ，カブ，タカナ，カラシナ，ダイコン等），キマメ，ヒヨコマメ，カンキツ（カンキツ類すべて。ブンタン，カボス，スダチ，タンカン，ネーブル，ユズ，ポンカン，ハッサク，ナツミカン，イヨカン等。台木として，カラタチ，キンカンを含む），ココナッツ，サトイモ類（英 Major aroids），ニンジン，ヤムイモ，シコクビエ，イチゴ，ヒマワリ，オオムギ，カンショ，グラスピー，レンズマメ，リンゴ，キャッサバ，バナナ，イネ，トウジンビエ，インゲンマメ，エンドウ，ライムギ，バレイショ（Potato），ナス，ソルガム，ライコムギ，コムギ，ソラマメ，ササゲ類（アズキ，ササゲ，リョクトウ，ケツルアズキ等），トウモロコシ。飼料29属として，マメ科牧草（英 Legume Forages）15属，イネ科牧草（英 Grass Forages）12属，その他の牧草（英 Other Forages）2 属。久末・前掲注 4） 3 頁。

9） 名古屋議定書 6 条は，遺伝資源の提供国による，アクセスへの「事前同意（英 prior informed consent: PIC）」を求める。但し，当該提供国が別段の定めを置く場合は，この限りではない。なお，外務省による名古屋議定書の和文テキスト（仮訳文）は，http://www.mofa.go.jp/mofaj/gaiko/treaty/pdfs/shomei_72.pdf（最終閲覧日2016年 1 月27日）から参照できる。

10） 英語では"ABS Clearing House"で，これはデータベース（ホームページ）を意味するものと思われる。なお，http://absch.cbd.int/（最終閲覧日2016年 1 月27

日）からアクセス可能である。

11)　前掲注 9 ）参照。

12)　同法案の第 4 編（18条～26条の 2 ）は，ABSを扱う。詳細は，野崎恵子「フラ
ンス『生物多様性，自然及び景観の回復のための法律』法案（2015年 3 月24日
付）」（バイオインダストリー協会生物資源総合研究所，2015年10月30日）を参
照。http://mabs.jp/archives/jba/pdf/271030_3france.pdf（最終閲覧日2016年 1
月27日）。

[資料] 現代都市と動物園——アメリカにおける動物園の推進制度

　　　　　　　　　　　＊本資料のアルファベット表記は，すべて英語である。

1　はじめに

　日本の公立動物園は，1951年制定の博物館法の理念に基づいて設置
された後，1956年制定の都市公園法の下で公園の一部として運営され
るようになったものが多い。動物園が博物館に該当する旨の明言は博
物館法にはないが，同法に基づく公立博物館の設置・運営基準も，動
物園が博物館の1つであることを前提に定められている。他方，アメ
リカでは，博物館・図書館サービス法（Museum and Library Services
Act, 2003年制定）は動物園をカバーしておらず，動物福祉法（Animal
Welfare Act: AWA, 1966年制定。以下「AWA」という）が動物園について
の主な根拠法となっている。アメリカでは，動物園は「展示業者
（exhibitor）」として，AWAの規定に従うことになる（AWA2条（7U.
S.C.§2132））。

　「動物園法」をもたないという点で共通する両国の動物園では近年，
管理・運営の改革，絶滅危惧種の保全に向けての動物園としてのサ
ポートなど，新たな課題への取り組みが求められている。本章では，
アメリカの公立動物園を支える制度と動向を概観すると共に，こうし
た新たな課題への対応について考える。

2　動物園の管理・運営とNGO組織——野生生物保護協会（WCS）

　アメリカでは，1895年に設立された野生生物保護協会（Wildlife Conservation

Society: WCS, 以下「WCS」という）という NGO（nongovernmental organization, 非政府組織）が，ニューヨークの5つの動物園（水族館を含む）の管理・運営（manage）を通じて，公立動物園の推進を牽引している。WCSは，世界中の野生生物と野生の場所を守ることを明確な使命とする。WCSの使命宣言（mission statement）は，「WCSは，科学，保護活動，教育，人々に自然を大切にしてもらうことを通じて，世界中の野生生物と野生の場所を守ります」と明言する。同宣言の「教育」の内容には，絶滅危惧種の保全が含まれる。

WCSの歴史は，西部の平原でアメリカバイソンを絶滅から救うことに成功した，1900年代の初めから本格化した。なお，設立時の名称はニューヨーク動物学会（The New York Zoological Society）で，長い歴史を通じてニューヨークの文化にとって不可欠な存在であると共に，アメリカにとどまらず世界における生物学および科学教育のリーダーであった。アメリカから全世界への活動の拡大に伴い，1994年にWCSに名称を変更したという経緯がある。

WCSは設立時から，ニューヨークの5つの市立動物園・水族館，

- ブロンクス野生生物保護公園（Bronx Zoo, 以下「ブロンクス動物園」という）
- ニューヨーク水族館（New York Aquarium）
- セントラルパーク動物園（Central Park Zoo）
- プロスペクトパーク動物園（Prospect Park Zoo）
- クイーンズ動物園（Queens Zoo）

の管理・運営に力を注いできた。このうち1899年開園のブロンクス動物園は，WCSが管理・運営する動物園の中で最大規模のものであると共に，同動物園にWCS本部が置かれている。5つの動物園・水族館には，2万以上の野生生物が住み，1400の種を代表している。WCSの科学者たちは，これらの動物園・水族館の動物を注意深く観察する

136　第Ⅲ部　都市計画の展望

ことによって，現場で種を助けるのに必要な医療技術・プログラムを発展させる。現在は，①医学と外科手術，②園内での病理学，③WCS動物病院，という大きく3つのWCSプロジェクトが進められている。

WCSは世界的規模の野生生物保護活動にも熱心で，現在，60か国以上でおよそ500の保護プロジェクトを管理・運営する。特に，世界の多くのアイコン的な生き物をアメリカ国内外で保護する活動，例えば，コンゴにおけるゴリラの保護活動，インドにおけるトラの保護活動，イエローストーンのロッキー山脈におけるクズリの保護活動，オーシャン・ジャイアンツ（ocean giants，クジラやイルカ）の保護活動などを行っている。

世界の生物多様性の50％を保護するという公約（commitment）の下，WCSが取り組む野生生物と野生の場所が直面する最大の問題は，次の4つである。

- 気候変動
- 自然資源利用
- 野生生物の健康と人間の健康の関連
- 人間生活の持続可能な発展

これらの問題に対応するために，世界の陸生の生物多様性の40％と水生の生物多様性の55％を保護するWCSの活動は，陸海両方の580万平方キロメートルに及ぶ。また，野生生物の健康と人間の健康との関連とは，2004年にWCSが提唱した「One World, One Health: OWOH（動物とヒトの健康は1つ）」を意味している。

なお，WCSではない組織が，アメリカの公立動物園の管理・運営を支えている例もある。全米で最も人気の高い動物園と言われるサンディエゴ動物園（San Diego Zoo）も，そうした例の1つである。1916年の開園当初から同動物園を管理・運営するのは，サンディエゴ・ズー・

第7章　PFIとの連携　137

グローバル (San Diego Zoo Global) というNPO (nonprofit organization, 民間
非営利組織) である。サンディエゴ・ズー・グローバルは現在, サン
ディエゴ動物園, サンディエゴ動物園サファリパーク (San Diego Zoo
Safari Park), サンディエゴ動物園保護調査研究所 (San Diego Zoo Institute
for Conservation Research) という3つの施設の管理・運営を担ってい
る。

3 動物園の支援活動と動物園ネットワーク──動物園・水族館協会 (AZA)

アメリカでは, 1924年に設立された, 動物園・水族館協会 (Association
of Zoos and Aquariums: AZA, 以下「AZA」という) というNPOが, 全米
の動物園ネットワークを統率する。AZAは, 保護, 教育, 科学, レ
クリエーションの分野における動物園・水族館の進歩に専念するため
に設立された。つまりAZAの使命 (AZA Mission) は, 「AZAは会員
に, 動物の健康, 公約, 種の保存においてリーダーになるための, 高
水準で, 最善策である, 調整プログラムのサービスを提供します」と
いうことに尽きる。

AZAは, 動物園・水族館の推進活動のために, 最高品質の会員サー
ビスを提供することを公約とする。AZAはまた, 会員施設 (=動物園・
水族館) の規模, 範囲, 専門的知識, 慈善信託に影響を与えることで,
種の保存と動物の健康の促進における世界的リーダーになることを公
約とする。

AZAの会員になるためには, 認定基準 (Accreditation Standards) の
審査に合格しなければならない。AZA会員のブロンクス動物園も,
こうした審査に合格した動物園の1つである。AZA認定の動物園・
水族館は全体で, 年間の経済活動において160億ドル以上を生み出し,
14万2000以上の仕事を支援しながら, 地方経済を推進している。
2015-2017年度AZA戦略計画 (AZA Strategic Plan 2015-2017) によると,

①種および種の生息地の保存や世話の推進，②内部・外部の支持者および利害関係者の教育，引き込み，③会員サービスの向上，④強固で持続可能な経済モデルの発展，の4つが戦略的優先事項である。

なお，AZAは，1935年にスイスで設立された世界動物園・水族館協会（World Association of Zoos and Aquariums: WAZA）の会員でもある。

4　動物園の課題──絶滅危惧種の保全，任意放棄，動物の脱走

管理・運営の改革が順調に進むアメリカの公立動物園が近年，悩まされているのは，動物の脱走問題である。ブロンクス動物園の2011年のコブラ脱走事件や全米の動物園で頻発するトラ脱走事件など，猛獣や毒性動物の脱走が後を絶たない中，特に大都市の公立動物園で対策が求められている。

また，ペットの任意放棄にアメリカの動物園は対応しない（犬猫について，AWA8条・28条（7 U.S.C.§2138§2158）など）。ミシシッピアカミミガメの任意放棄への積極的な対応が最近話題となった，日本の動物園・水族館とは対照的である。これは，犬泥棒によって盗まれたペット犬たちがさらに動物商によって医学研究施設へ売却されるという社会問題を契機に，ペットを保護し実験動物を人道的に扱うための法律としてAWAが制定されたという，同法の立法経緯によるところも少なくない。

絶滅危惧種の保全に向けての動物園としてのサポートは，1974年に設立された「国際種情報システム機構（International Species Inventory System: ISIS，本部はミネソタ動物園。以下「ISIS」という）」が長く支えてきた。2011年には81か国，850の動物園等施設（日本の上野動物園，天王寺動物園，円山動物園などを含む）が参加し，1万種，200万個体以上の登録データを有したISISだが，2012年からは「動物情報管理システム（Zoological Information Management System: ZIMS，以下「ZIMS」という）」

と呼ばれる次世代システムへの移行が本格化した。もっとも，ISISからZIMSへの移行に際して会費が増額されたため，参加施設は減少傾向にある。他方，ISIS・ZIMSと両輪をなすのが，1981年にAZAが開始した「種の保存計画（Species Survival Plan: SSP，以下「SSP」という）」と呼ばれる希少種の繁殖計画である。SSPには，アメリカはもちろん，日本の動物園も多く参加している。

5　おわりに

　アメリカの公立動物園の管理・運営は，NGOやNPOに大きく支えられている。さまざまな課題への取り組みも，これらの組織が中心となって行われている。もっとも，財政については，公的な補助金以上に市民からの寄付金に頼る動物園が多い。現代都市における動物園の課題を市民と共有することが，動物園を推進する最大の力になるだろう。

〔参考文献〕
石田戢『日本の動物園』（東京大学出版会，2010年）
児玉敏一＝佐々木利廣＝東俊之＝山口良雄『動物園マネジメント——動物園から見えてくる経営学』（学文社，2013年）
地球生物会議（ALIVE）編『米国・動物福祉法（ALIVE資料集No.9 海外の動物保護法No.3）』（地球生物会議，2000年）
東京都職員研修所編『アメリカの動物園がめざしていることについて（昭和62年度第30回海外研修報告No.7)』（東京都職員研修所，1988年）
羽山伸一＝土居利光＝成島悦雄編著『野生との共存——行動する動物園と大学』（地人書館，2012年）
吉田憲司『改定新版　博物館概論』（放送大学教育振興会，2011年）
〔参考資料〕
WCS HP http://www.wcs.org/（最終閲覧日2016年1月27日）
AZA HP https://www.aza.org/（最終閲覧日2016年1月27日）
JICA（国際協力機構）HP http://www.jica.go.jp/（最終閲覧日2016年1月27日）
WAZA HP http://www.waza.org/en/site/home（最終閲覧日2016年1月27日）
サンディエゴ動物園HP http://zoo.sandiegozoo.org/（最終閲覧日2016年1月27日）

■著者紹介

久末 弥生（ひさすえ・やよい）

早稲田大学大学院法学研究科修士課程修了
北海道大学大学院法学研究科博士後期課程修了，博士（法学）
フランス国立リモージュ大学大学院法学研究科正規留学
アメリカ合衆国テネシー州ノックスビル市名誉市民
現在，大阪市立大学大学院創造都市研究科准教授
〔主要著書〕
　『アメリカの国立公園法──協働と紛争の一世紀』（北海道大学出版会，2011年．
　　大阪市立大学学友会顕彰2011年度優秀テキスト賞受賞）
　『フランス公園法の系譜』（大阪公立大学共同出版会，2013年）
　『現代型訴訟の諸相』（成文堂，2014年）
　『クリエイティブ経済』（ナカニシヤ出版，2014年，共訳）

Horitsu Bunka Sha

都市計画法の探検

2016年6月30日　初版第1刷発行

著　者　　久末　弥生

発行者　　田靡　純子

発行所　　株式会社　法律文化社

〒603-8053
京都市北区上賀茂岩ヶ垣内町71
電話 075(791)7131　FAX 075(721)8400
http://www.hou-bun.com/

＊乱丁など不良本がありましたら，ご連絡ください。
　お取り替えいたします。

印刷：中村印刷㈱／製本：㈱藤沢製本
装幀：白沢　正
ISBN 978-4-589-03779-4
Ⓒ2016 Yayoi Hisasue Printed in Japan

JCOPY　〈(社)出版者著作権管理機構　委託出版物〉

本書の無断複写は著作権法上での例外を除き禁じられています。複写される
場合は，そのつど事前に，(社)出版者著作権管理機構（電話 03-3513-6969，
FAX 03-3513-6979, e-mail: info@jcopy.or.jp）の許諾を得てください。

須藤陽子著

比例原則の現代的意義と機能

A5判・282頁・5400円

ドイツ警察法理論の展開を中心に，行政法における比例原則の伝統的意義と機能をあきらかにする。警察法理論との関係を意識的に論じることで，日本における「警察比例の原則」と「比例原則」との同異を明らかにする。

須藤陽子著

行政強制と行政調査

A5判・244頁・4800円

日本の「強制の仕組み」の画期となった占領期とそれ以前の学説・実務に着目し，占領された側の視角から整理。「即時強制」「行政上の強制執行」「行政調査」の3つの概念の相関性を占領期の議論に焦点をあて明らかにする。

紙野健二・白藤博行・本多滝夫編

行政法の原理と展開
―室井力先生追悼論文集―

A5判・390頁・8200円

行政領域論，公共性論などの提唱により戦後第二世代の行政法学をリードしてきた故室井力先生の学問的薫陶をうけた18名の研究者による追悼論文集。公法学において室井先生が提起された学問的遺産の継承・発展をめざす。

安本典夫著

都 市 法 概 説〔第2版〕

A5判・362頁・3200円

都市住宅法務の基本的骨格と機能を概説した体系的な教科書の最新版。判例や理論的問題に適宜言及するとともに，図解を多用し，難解な法理の理解を助けるよう工夫した。初版刊行（08年）以降の動向をふまえ，全面的に見直し加筆・補訂した。

吉田利宏著

つかむ・つかえる行政法

A5判・248頁・2500円

難解で抽象的になりがちな行政法の考え方を身近な事例に置き換え，具体的にわかりやすく説明。行政法の全体像をつかみ，使いこなせるようになるために必要十分なエッセンスを抽出。これを読んでわからなければ行政法はわからない（楽しく学べる一冊）。

法律文化社

表示価格は本体（税別）価格です